LE
JARDINIER
DES DAMES

PROPRIÉTÉ DE L'ÉDITEUR

SAINT-DENIS. — IMPRIMERIE J. BROCHIN.

LE
JARDINIER
DES DAMES

OU L'ART DE CULTIVER
LES PLANTES D'APPARTEMENT

Dans les Salons, sur les Balcons, sur les Fenêtres et dans le petit Jardin

SUIVI

D'UNE NOTICE SUR L'INSTALLATION DES AQUARIUMS

D'EAU DOUCE ET D'EAU SALÉE

SUR L'EMBAUMEMENT ET LA CONSERVATION DES FLEURS, ETC.

PAR

CÉLINE FLEURIOT

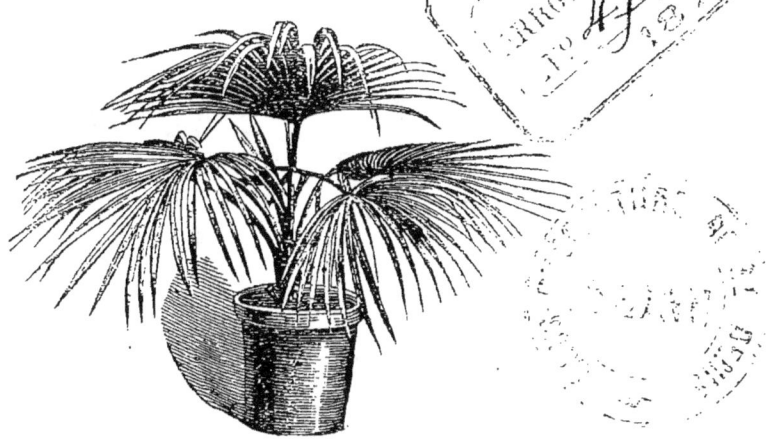

PARIS

THÉODORE LEFÈVRE, ÉDITEUR

RUE DES POITEVINS

LE
JARDINIER DES DAMES

CHAPITRE PREMIER.

INSTRUCTIONS PRÉLIMINAIRES.

Terres. — Engrais. — Terreau. — Ustensiles. — Chaleur. — Lumière. Aération. — Arrosage et nettoyage des Plantes.

§ 1. — Terres. — Engrais. — Terreau.

Le choix d'une bonne terre pour la culture des fleurs est de la plus grande importance; chaque genre de plantes exige une terre appropriée à sa végétation et c'est pour avoir souvent négligé cette précaution que bien des amateurs ont échoué dans la culture des plantes d'appartement.

La terre de bruyère est celle que l'on emploie le plus fréquemment pour les plantes en pot; j'ajouterai même qu'il est indispensable de l'employer, soit seule, soit mélangée à une quantité plus ou moins considérable d'autre terre. Ayez soin de l'avoir grasse, c'est-à-dire, évitez ces terres de bruyère qui proviennent des dépotages, parce que leurs sucs ont été épuisés par les plantes qui s'y trouvaient placées antérieurement et vous n'auriez pas les résultats que vous êtes en droit d'en attendre.

La terre de bruyère pure convient principalement au camélia, aux cinéraires, aux sedums, aux myrtes, aux ficoïdes, aux bruyères, aux épacris, aux cactus et aux hortensias.

Le terreau gras qui provient des couches à melons constitue un sol excellent, on l'emploie pur ou mélangé en proportion variable soit avec de bonne terre franche de potager, soit avec de la terre de bruyère, soit avec l'une et l'autre.

Le terreau gras pur s'emploie avec avantage dans la culture du laurier-rose et des grenadiers. Mélangé moitié par moitié avec la terre de bruyère, il donne un bon sol pour les calcéolaires et pour les plantes d'ornement bisannuelles et vivaces.

Pour les orangers, on emploie plus communément un mélange à parties égales de terreau gras, de terre de bruyère et de terre de potager; le tout doit être mélangé intimement.

Les géraniums et les pelargoniums font un effet merveilleux quand ils croissent dans un mélange à parties égales de terreau gras, de terre de potager, de terre de bruyère et de fumier de cheval presque consommé. Si, à ce mélange, vous ajoutez un peu de tourteau de colza écrasé et bien tamisé, je vous promets les plus beaux géraniums que vous puissiez désirer.

A défaut de terreau et de terre de bruyère on peut employer la terre franche à la condition de l'engraisser. Les meilleurs engrais sont le fumier bien consommé, la bouse de vache et le crottin de cheval desséchés et réduits en poussière, le tourteau de colza, le guano et la fiente de pigeon. Il est à remarquer que de tous ces engrais ceux que l'on doit préférer sont le fumier et les excréments de cheval et de vache. Le guano et la fiente de pigeon ont une action énergique, mais passagère. Quant au tourteau de colza délayé dans l'eau, dont on se sert pour les arrosages, il sera d'un grand secours pour la végétation.

§ 2. — Ustensiles.

Tous les ans, à l'époque où l'on doit semer ou planter, il faut avoir soin d'étendre sur toute la surface du sol que l'on cultive une couche nouvelle de terreau ou d'engrais pour remplacer la quantité des sucs absorbés pendant la dernière végétation.

Dans les appartements et sur les balcons, les caisses et les pots à fleurs remplacent le jardin; il n'est pas indifférent de faire connaître quels sont ceux de ces récipients qui conviennent le mieux et les avantages que présente chacun d'eux.

Les caisses carrées doivent être rejetées à cause des nombreux inconvénients qui résultent de leurs surfaces plates donnant trop de prise au soleil et de leurs angles qui nuisent à l'évolution parfaite des racines. On leur préfère avec raison les caisses en bois coniques munies de cercles qui leur donnent une grande solidité. Quelle que soit leur forme, les caisses en bois ont l'immense inconvénient de pourrir très-vite sous l'influence de l'humidité et leur entretien coûte ainsi fort cher. Les vases coniques en terre cuite, peints en vert et artistement festonnés ont l'immense avantage de ne point se détériorer; aussi doit-on les préférer à tous les autres récipients.

Ne placez jamais une plante dans un vase de métal, de porcelaine ou de toute autre substance imperméable, le défaut de porosité entretient un excès d'humidité et nuit à l'accès de l'air, et bientôt la plante souffre et meurt. Le vulgaire *pot à fleurs* en terre rouge est encore le meilleur récipient ; il est très-perméable à l'air et à l'humidité, il est accessible à toutes les bourses et il est toujours facile de dissimuler sa nudité sous une enveloppe de ce genre, ou en papier découpé et plissé.

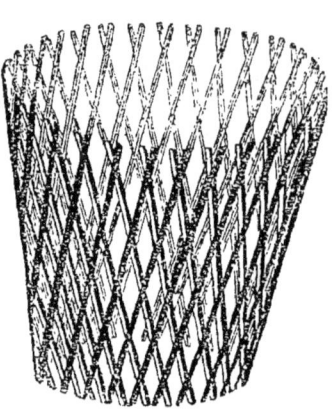

Par suite de l'arrosage, la terre finit par se tasser et au lieu de présenter une surface spongieuse comme celle du sol fraîchement remué, ils sont recouverts d'une sorte de croûte dont la présence est nuisible à la plante parce que l'air et l'eau d'arrosage ne pénètrent plus assez librement jusqu'aux racines du végétal. C'est pour remédier à cet inconvénient que l'on se sert d'une *binette*, sorte de petit hoyau à manche court au moyen duquel on remue la surface Hâtons-nous de dire qu'à défaut de cet instrument on peut employer le vulgaire couteau de table. Soyez aussi toujours muni d'une bonne *serpe* ou d'un petit *sécateur* pour enlever les branches inutiles des arbustes sujets à donner du bois mort.

§ 3. — Chaleur. — Lumière. — Aération.

La température joue un rôle assez important dans l'hygiène des végétaux : la plante, comme l'animal, est sujette à souffrir des excès du froid et de la chaleur ; le passage subit d'une haute température à un froid considérable et réciproquement peut tuer les fleurs les moins délicates. Il vous est facile d'éviter ces dangers et de ménager aux plantes qui sont l'objet de vos soins, la température la plus favorable à leur accroissement. Vous devez surtout veiller à ce que la température de l'appartement soit toujours à peu près au même degré. Telle plante délicate, le Camélia, par exemple, qui se couvre de fleurs dans une serre maintenue à une température constante, s'étiolera et finira par mourir si on vient à le placer dans un milieu à température variable.

C'est surtout pour l'hivernage de vos fleurs que je vous recommande la plus grande sollicitude. L'appartement dans lequel vous faites du feu chaque jour pendant l'hiver, subit pendant la nuit un refroidissement assez sensible pour nuire à la végétation. Aussi convient-il d'éloigner pendant le jour les plantes d'appartement du foyer de chaleur et de les en rapprocher pendant la nuit. Je n'ai pas besoin de vous faire remarquer que cette recommandation est spéciale aux plantes délicates, telles que les Azalées, les Kalmias, les Camélias, etc., etc. Quant à ces robustes fleurs que vous connaissez sous le nom de Perce-neige, vous n'avez rien à craindre pour leur santé : laissez-les dehors pendant tout l'hiver, sur votre fenêtre ou sur votre balcon et vous les verrez fleurir quelle que soit la température.

Il est un certain nombre d'autres plantes dont la végétation paraît suspendue en hiver et pour lesquelles vous aurez d'autres précautions à prendre ; je veux parler des Giroflées, des Lauriers-roses, des Œillets, des Myrtes et des Orangers. A ces végétaux il ne faut ni une température élevée, ni un froid excessif. Vous n'avez qu'à les renfermer dans un appartement suffisamment éclairé et où la température ne s'abaisse jamais jusqu'à 0°; évitez d'y faire du feu et sortez-les dès les premiers jours du printemps, ils vous sembleront renaître tout à coup et se couvrir en peu de jours de pousses vigoureuses.

Si la température joue un grand rôle dans la vie des plantes, la lumière leur est bien plus nécessaire encore et, pour les plantes d'appartement, on éprouve une certaine difficulté pour leur procurer cet élément indispensable. La disposition de nos rues, l'atmosphère de nos villes sont des obstacles sérieux à la végétation ; aussi, si vous voulez réussir dans la culture des fleurs, ne vous laissez guider ni par la symétrie, ni par l'harmonie de votre ameublement; dérangez tout s'il le faut, mais que vos fleurs soient toujours placées de telle sorte que le plus petit rayon du soleil ne soit pas perdu pour elles.

L'air est également nécessaire à la vie des végétaux; aussi doit-on le renouveler fréquemment. Une plante, lorsqu'elle croît dans un appartement dont l'air est confiné s'étiole rapidement; aussi, lorsque vos fleurs séjourneront trop longtemps dans une serre, vous les verrez pâlir, leurs branches et leurs feuilles perdront leur consistance naturelle, des bourgeons sans vigueur se succéderont sur la tige sans produire de feuilles ni de fleurs et peu à peu vos plantes succomberont sous l'influence de la privation d'air. Imitez donc les amateurs de la Hollande et de la Belgique qui, préférant leurs fleurs à tout autre genre de décoration, les placent sur une sorte d'étagère à roulettes et les exposent à l'air et à la lumière qui viennent du dehors. Aussi, les rues étroites des petites villes du Brabant offrent-elles un coup d'œil agréable, lorsque la douceur de la température le permettant, toutes les fenêtres s'ouvrent pour livrer passage à l'étagère des fleurs que l'on expose au soleil et à l'air.

Quand la rigueur de la température ne permet pas de mettre les plantes au contact direct de l'air, il faut veiller à ce que l'appartement dans lequel elles se trouvent ne soit pas hermétiquement fermé; l'air doit s'y renouveler suffisamment; on aura aussi à éviter que la cheminée ne fume. Observez encore ceci, c'est qu'il ne faut cultiver que les plantes qui s'accommodent d'une quantité relativement faible d'air et de lumière, si vous habitez une rue sombre. Le Rosier, par exemple, qui, en plein air, se couvre abondamment de fleurs et de feuilles, végétera si vous le tenez enfermé dans un appartement au milieu d'une rue sombre et sans air. Exposé au soleil de midi sur un balcon, il prospérera au contraire.

§ 4. — **Arrosage et nettoyage des Plantes.**

Le poussière et la sécheresse, tels sont les deux ennemis de la vie des plantes et contre lesquels on lutte avec avantage au moyen de l'arrosage et du nettoyage. La sécheresse tue les plantes parce que lorsque le sol qui leur donne la vie cesse d'être humide, leurs racines ne peuvent plus puiser les sucs nourriciers que la terre contient; la poussière, lorsqu'elle vient à recouvrir leurs feuilles et les jeunes branches empêche la respiration végétale, car vous n'ignorez pas que les plantes respirent par toutes leurs parties vertes, au moyen de petits orifices par lesquels pénètre l'air; si la poussière ferme toutes ces petites bouches, la plante périra suffoquée; de là la nécessité du nettoyage.

Je ne puis vous conseiller l'usage de l'arrosoir à gerbe parce qu'il a l'inconvénient de couvrir de pluie une surface plus considérable que celle que l'on se propose d'arroser, et, de plus, au lieu de distribuer l'eau aux fleurs de fenêtre ou de balcon, on s'expose à arroser les passants, ce qui peut vous attirer des désagréments.

En général, les plantes avancées en végétation exigent un arrosage plus abondant que la jeune plante qui commence à croître; dans tous les cas, la terre doit être humide et jamais mouillée.

N'arrosez jamais vos fleurs que le matin, l'eau que vous jetez sur la terre se met peu à peu de niveau avec elle pour la température et le végétal s'en trouve bien; tandis que le soir, sur une terre chaude des rayons du soleil, si vous venez à jeter de l'eau froide, vous causerez une brusque perturbation de température. Réfléchissez à l'impression pénible que vous ferait ressentir une pluie glaciale qui tomberait subitement sur vos épaules lorsque vous venez de vous livrer avec ardeur au plaisir de la danse; arrosez le soir un Gardenia ou un Camélia avec de l'eau de puits récemment tirée et vous verrez quelle mauvaise influence cet arrosage exercera sur ces plantes; l'un après l'autre les boutons tomberont sans s'épanouir.

En été, même pendant les plus fortes chaleurs, on ne doit autant que possible arroser que le matin, malgré les recommandations contraires qui pourront vous êtes faites, car il faut que vous sachiez que la végétation des plantes est suspendue pendant la nuit. Cependant si la sécheresse était trop considérable, vous pourriez humecter modérément la terre à la condition de ne pas employer d'eau trop froide.

L'eau que vous destinez aux arrosages doit être tirée quelques heures à l'avance, placée auprès des vases que l'on veut arroser afin de se trouver au niveau de leur température. C'est à tort que quelques amateurs se servent d'eau de vaisselle, ils s'exposent à tuer leurs plantes. L'eau ne doit pas être filtrée, les sels qu'elle contient étant nécessaires ou au moins utiles à l'accroissement des végétaux.

Il ne suffit pas de mouiller la racine : quand la température est excessive, quand la poussière couvre les feuilles et la tige, il faut les arroser également en laissant tomber d'une certaine hauteur un petit filet d'eau sur la plante, soit au moyen d'une grosse éponge, soit par tout autre moyen. Lorsque la couche de poussière est peu épaisse, il vous suffira de placer vos pots de fleurs, les uns après les autres, sur votre pierre d'évier et de laisser tomber sur elles une pluie fine au moyen d'un arrosoir à pompe. Si, au contraire, comme cela arrive souvent pour les Camélias, pour les Gardénias, pour les Rhododendrons, pour les Calmias et quelques autres arbustes, la poussière est difficile à enlever, prenez une éponge et bassinez chaque feuille l'une après l'autre jusqu'à nettoyage parfait.

N'arrosez jamais les fleurs quelle que soit leur nature, vous leur enlèverez de cette façon leur parfum, leur éclat et leur durée.

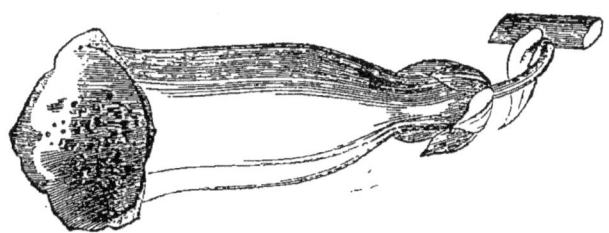

1.

CHAPITRE II.

DES PETITES OPÉRATIONS DE JARDINAGE.

Empotage. — Rempotage. — Sarclage. — Ratissage. — Labour. — Ensemencement. — Bouturage. — Marcottage. — Greffe. — Repiquage. — Taille des Arbustes.

§ 1. — Empotage et Rempotage.

L'empotage consiste à mettre en pot une plante qui jusque-là avait poussé en pleine terre; cette petite opération, si simple qu'elle soit, exige encore certaines précautions. Choisissez d'abord un pot de grandeur proportionnée à la vigueur de votre fleur et de l'accroissement qu'elle est susceptible d'acquérir; sur le trou qui est au fond du vase, placez un petit caillou destiné à empêcher la terre de passer par cet orifice, puis vous le remplissez presque entièrement avec un mélange à parties égales de bonne terre de jardin et de terreau pur ou tout autre mélange selon la nature de la fleur à laquelle il est destiné. Ces préparatifs terminés, vous ménagez au milieu de la terre une cavité dont le fond doit s'étendre jusqu'à la moitié du vase, vous y placez la racine de votre plante et vous remplissez votre pot jusqu'au bord en ayant soin de l'entasser et de l'arroser légèrement pour aider le végétal à reprendre plus rapidement ses fonctions dans ce nouveau terrain.

On a recours au rempotage dans plusieurs circonstances : lorsqu'une plante est depuis plusieurs années dans le même vase, alors qu'il est à craindre que la terre n'ait perdu en partie les sucs nutritifs dont elle était riche primitivement ou que des racines mortes n'apportent à l'évolution de celles qui restent un obstacle réel ; ou, encore, lorsqu'on a un arbuste dont le développement exige un récipient plus grand et une plus grande quantité de terre.

Le rempotage exige des précautions pour être bien fait ; quand vous voyez une plante donner des bourgeons peu vigoureux, perdre ses feuilles qui commencent par jaunir, vous devez juger utile l'opération que je vais vous décrire : Prenez le pot dans votre main gauche, de telle sorte que la plante passe entre vos doigts et que votre main couvre la terre ; tournez la tige en bas et, de votre main droite, après avoir donné quelques petits coups secs sur le pot pour le détacher de la terre qu'il contient, enlevez-le doucement. La motte vous apparaît alors ; elle est recouverte d'une énorme quantité de racines longues, menues, desséchées pour la plupart, que vous devez couper avec votre sécateur ; débarrassez-vous aussi de la terre qui les entoure, sans toutefois en dégarnir les racines principales et trempez ensuite la motte ainsi nettoyée dans un peu d'eau dégourdie. Lorsque vous avez préparé ensuite le pot et la terre pour recevoir la nouvelle plante, suivant les procédés indiqués pour l'empotage, vous placez votre fleur de manière qu'elle soit bien droite, vous garnissez avec de la terre l'espace laissé vide entre la motte et les parois du vase, vous la pressez légèrement et vous l'arrosez aussitôt. Il est bon, lorsqu'on a affaire à un arbuste que l'on vient de rempoter, de lui faire subir quelques petites mutilations pour faciliter son accroissement; ainsi, on le débarrassera des branches gourmandes sur lesquelles la sève semble devoir se porter au détriment des autres parties du végétal; on supprimera également celles des branches où les bourgeons sont mal placés et qui nuisent à la beauté de l'arbuste.

Parmi les fleurs qu'il convient de rempoter à chaque printemps, je vous citerai plus particulièrement l'Hortensia, le Camélia, les Verveines, les Calcéolaires et les Cinéraires. Les Pelargoniums sont rempotés par les bons jardiniers dès le commencement d'octobre.

§ 2. — Sarclage. — Ratissage. — Labour. Ensemencement.

Le sarclage a pour but d'enlever les mauvaises herbes qui croissent spontanément dans le sol où l'on cultive des plantes, auxquelles elles nuisent en s'emparant d'une partie des sucs nourriciers. Avant d'enlever les herbes, il faut savoir les reconnaître afin de ne pas s'exposer à détruire quelquefois des plantes précieuses. Quelques instants avant de sarcler, vous arroserez légèrement la terre; sans cette précaution on ne réussit que difficilement à déraciner les mauvaises herbes.

Le ratissage a pour but de diviser la terre pour la rendre accessible à l'eau et à l'air; on a recours à plusieurs instruments pour ratisser la terre; nous avons déjà mentionné ces instruments au commencement de cet ouvrage.

Pour labourer la terre dans les pots à fleur et dans les caisses, on se sert avec avantage d'une petite bêche de taille proportionnée à la surface de terrain que l'on veut labourer; on prend une bêche, on la retourne de façon à ce que la terre qui était à la surface se trouve en dessous, on a soin en même temps d'écraser la terre afin de la rendre aussi meuble que possible, on en sépare les pierres, les racines mortes et tout ce qui peut être nuisible ou au moins inutile;

Volubilis.

lorsqu'on a retourné de la sorte toute la surface de la terre, l'opération est terminée.

L'ensemencement est une des opérations les plus simples du jardinage; mais il est bon de vous prévenir contre la funeste habitude qui consiste à enterrer trop profondément les graines dont vous voulez obtenir la germination, de telle sorte qu'au lieu d'éclore, elles pourrissent. Sachez bien que les graines doivent être cachées par une mince couche de terre, afin de se trouver au contact de l'air sans lequel elles ne peuvent germer. Tracez un petit sillon, déposez vos graines au fond, nivelez ensuite la terre et arrosez légèrement chaque jour pour entretenir une douce humidité. C'est de cette façon que vous sèmerez les Pois de senteur, les Volubilis, les Cobéas, les Capucines et autres plantes dont vous voudrez garnir votre fenêtre ou former un treillage.

Vous pouvez encore semer vos graines en les déposant dans un petit trou que vous faites dans le sol au moyen d'un repiquoir ; mais n'oubliez pas la recommandation que je viens de vous faire, ne faites pas le trou trop profond.

Lorsque vous semez dans un pot un nombre considérable de plantes dans le but de les repiquer dans d'autres pots quand elles auront acquis un certain accroissement, vous *semez en pépinière*.

Toutes les graines ne germent pas avec la même facilité ; un grand nombre d'entre elles, et plus particulièrement les Pétunias, les Giroflées quarantaines, les Balsamines, les Verveines et les Amarantes ont besoin d'une température élevée ; habituellement on les sème sur couche ; mais comme ce moyen n'est pas à votre disposition, vous pourrez avoir recours aux petits appareils d'appartement qui seront décrits ultérieurement. (Voyez *Serres d'appartement*.)

§ 3. — Bouturage. — Marcottage. — Greffe.

Un grand nombre de plantes et des plus jolies se reproduisent par le bouturage. Cette intéressante opération consiste à enfoncer dans le sol, pour qu'ils y prennent racine, des petites branches munies de plusieurs yeux et coupées avec un canif bien tranchant.

D'une manière générale, pour bien réussir le bouturage, on doit repiquer les boutures dans une terre composée de terreau et de terre de bruyère ; arrosez avec assez d'abondance et recouvrez la bouture avec une cloche de verre pour empêcher l'évaporation. Ainsi livrée à elle-même, la bouture ne tarde pas à faire des racines, et bientôt cette jeune branche sera devenue un individu nouveau. Presque tous les végétaux peuvent se reproduire par ce procédé ; mais ceux qui sont d'une nature ligneuse exigent beaucoup plus de soins. Pour vous citer un exemple, je vous dirai qu'un Géranium reprend très-rapidement tandis que la bouture du Camélia ne réussit pas toujours. Vous reconnaîtrez que votre bouture est bien enracinée si les yeux qu'elle présente continuent de se développer et si elle émet de nouveaux bourgeons ; vous pourrez alors enlever la cloche et soigner votre bouture comme une plante complète.

Parmi les plantes que vous aurez à bouturer, il en est un certain nombre pour lesquelles vous aurez à vous servir des serres d'appartement dont je vous parlerai au chapitre suivant.

Les marcottes sont aussi des boutures ; elles diffèrent des précédentes en ce qu'on ne les détache de la plante à laquelle elles appartiennent que lorsqu'elles ont déjà fait des racines. Pour bien vous faire comprendre l'opération du marcottage, prenons pour exemple l'Œillet. Vous savez que cette charmante plante présente toujours un certain nombre de branches ; si vous venez à courber l'une d'elles jusqu'à terre sans la rompre et à la recouvrir à sa base d'une petite quantité de terre humide, elle prendra bientôt racine et, alors, vous pourrez la séparer de la plante-mère et l'empoter à part; elle continuera de vivre et de prospérer. Au lieu de coucher vos marcottes en pleine terre, vous pourrez également les coucher en pot; les racines se développent plus facilement quand

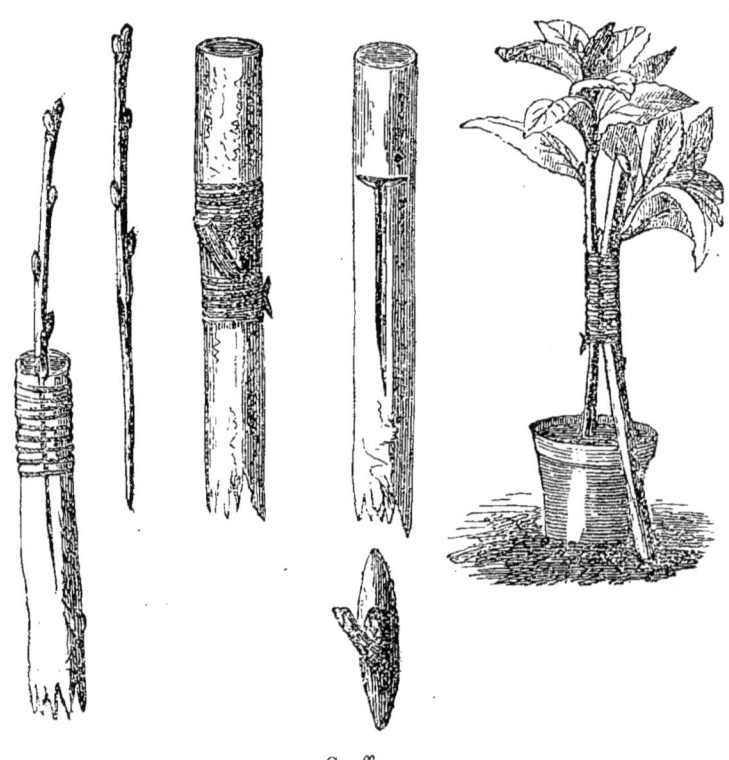

Greffes.

on a fendu au préalable, dans le sens de la longueur, la partie qui est cachée dans le sol. Essayez au mois de juillet de pratiquer cette opération sur vos œillets et vous vous en trouverez bien.

C'est au mois de mai et au mois de juin que l'on a recours à la greffe pour propager certaines variétés d'arbustes et d'arbres à fruits. Les Rosiers sont de toutes nos plantes d'agrément celles qui se multiplient le plus souvent par ce moyen. Nous ne parlerons ici que de la greffe en écusson ; c'est ce procédé qui est le plus avantageux et le plus fréquemment employé.

Pour greffer en écusson, on prend sur la plante que l'on veut propager un œil peu développé, mais d'apparence vigoureuse, en ayant soin d'enlever avec lui et autour de lui 7 à 8 millimètres de l'écorce dans toute son épaisseur. Sur l'une des branches ou sur la tige même de l'arbre que l'on veut greffer, on pratique une incision en forme de T; elle doit intéresser toute l'épaisseur de l'écorce que l'on soulève légèrement et, entre l'arbre et l'écorce on introduit l'œil que l'on vient de préparer dans ce but. On referme l'incision, on jette une ligature de laine suffisamment serrée pour rapprocher ensemble toutes les parties et les mettre en contact, et il est rare que l'opération ne réussisse pas, surtout si l'on a choisi le moment où la sève circule abondamment

Si vous attendez, pour pratiquer la greffe en écusson l'époque du mois de septembre, vous n'aurez pas toujours un résultat favorable et d'ailleurs les bourgeons ne se développent qu'au printemps suivant.

§ 4. — Repiquage.

Pour repiquer une plante, c'est-à-dire placer dans une caisse, dans un pot ou en pleine terre une plante provenant d'un semis en pépinière, on a soin d'abord de bien labourer le sol qui doit la recevoir; puis, au moyen d'un bâton pointu auquel on a donné le nom de plantoir ou repiquoir, et dont le diamètre doit être proportionné à celui de la plante que l'on veut repiquer ; on pratique un trou dans la terre, on y place la plante, on fait un autre trou dans le voisinage de façon à fouler la terre autour de la racine, on arrose légèrement et on abrite contre le soleil. Ne repiquez jamais par un temps sec, vous vous exposeriez à voir mourir votre plante; mais si le temps devient sombre et pluvieux, profitez-en, c'est le meilleur moment.

§ 5. — Taille des arbustes.

Les amateurs, en général, ne savent pas tailler les arbustes; ils coupent à tort et à travers, sans autre motif que celui de leur fantaisie, et ils arrivent ainsi à nuire aux arbustes au lieu de leur être utiles. Deux choses doivent vous guider dans cette opération : donner une forme gracieuse à la plante et tailler de façon que la sève se répartisse également dans toutes les parties du végétal.

Vous avez un Rosier ou un Lilas qui manquent de vigueur, taillez sans perdre de temps; moins ils sont vigoureux, plus ils veulent être taillés courts. Armé de votre sécateur, surveillez le développement des rameaux; faites en sorte qu'ils ne soient pas plus nombreux, ni plus longs, ni plus gourmands d'un côté que de l'autre; que votre coupe soit toujours oblique, bien nette et placée à un demi-centimètre au-dessus d'un œil. Une branche est-elle disgracieuse? sa présence gêne-t-elle le développement des autres? enlevez-la et tout n'en ira que mieux.

Vous attendrez le printemps pour tailler les arbres à fruits et les Rosiers. Quant aux Lilas, profitez de leurs fleurs d'abord, taillez-les ensuite. Rentrez vos Citronniers, vos Grenadiers et vos Orangers dans la serre avant de les tailler; allez-y avec ménagement si vous ne voulez pas les épuiser.

CHAPITRE III.

DES SERRES D'APPARTEMENT.

Des Serres froides et des Serres chaudes d'appartement. — Semis et Repiquage dans les Serres d'appartement.—Bouturage et Marcottage en Serre chaude. — Soins à donner aux jeunes plants. — Bouturage en Serre froide d'appartement. — Greffes du Camélia, du Rosier et de l'Oranger.

§ 1. — Des Serres froides et des Serres chaudes d'appartement.

La serre d'appartement est un meuble devenu à la mode ; le luxe d'ornementation qu'on peut leur prodiguer extérieurement permet de les mettre en harmonie avec l'ameublement. Aussi, à l'époque actuelle, il n'est pas un salon bien tenu sans serre portative sur le guéridon.

D'une manière générale, la serre d'appartement est composée d'un petit châssis hémisphérique ou formée par une cloche de verre sous laquelle on place les petits pots qui contiennent les boutons ou les graines en voie de germination. A d'autres, on a donné les formes les plus gracieuses; mais quelle que soit la forme, le principe est toujours le même. Telle que nous venons de la décrire, la petite serre d'appartement est une serre froide. Pour la transformer en serre chaude, ce qui offre beaucoup d'avantages au point de vue de la culture des fleurs d'appartement, il suffit de placer au-dessous d'elle un réservoir d'eau dont on élève la température suivant les besoins au moyen d'une lampe à esprit de vin.

Qu'elle soit ou non munie d'un appareil de chauffage, la serre d'appartement a son utilité. La serre

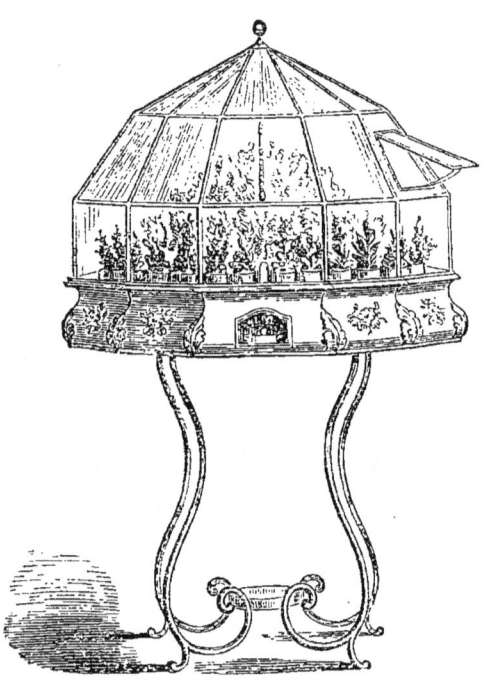

Serre d'appartement.

froide, toujours à la même température que celle de l'appartement dans lequel on l'a placée, est toujours un ornement gracieux parce qu'on la peut garnir de petits pots dans lesquels on aura planté les plus jolies plantes de serre tempérée. De plus, les semis et un certain nombre de boutures y réussissent beaucoup mieux que lorsqu'on opère à l'air libre.

Si votre serre est munie d'un petit appareil de

chauffage, vous avez la faculté d'y faire germer des graines, qui ne pourraient vous donner ce résultat sans le secours d'une température suffisamment élevée ; nous allons vous donner quelques indications à ce sujet dans le paragraphe suivant.

§ 2. — Semis et Repiquage dans les serres d'appartement.

Remplissez vos pots d'un mélange de bon terreau et de terre de bruyère bien divisée ; après y avoir semé les graines de votre choix, recouvrez-les d'une mince couche de terre ; arrosez de manière à n'avoir qu'une humidité sans excès et vous ne tarderez pas à voir vos graines sortir de terre sous l'influence de la température douce et de l'humidité constante à laquelle elles sont soumises. Je n'ai pas à vous recommander de ne pas semer trop épais, vous savez que, dans ce cas, les plantes se gêneraient mutuellement et végéteraient avec difficulté. Lorsque ces fleurs auront atteint un développement suffisant, arrachez-les doucement, une à une, de peur de les briser, repiquez-les immédiatement dans d'autres pots et laissez-les quelque temps encore dans la serre. Lorsque vous aurez l'assurance qu'elles sont assez fortes pour braver une température moins douce, retirez-les et mettez-les soit sur votre balcon, soit sur votre fenêtre.

§ 3. — Bouturage et Marcottage en serre chaude.

Lorsque votre petite serre portative est munie d'un appareil à chauffage, vous pouvez obtenir certaines boutures que vous chercheriez en vain à faire prospérer à la température ordinaire. Parmi ces boutures, je vous citerai particulièrement celles de quelques variétés de Camélias.

Votre petite serre, munie d'un thermomètre, doit être chauffée, et vous devez veiller à ce que la température oscille constamment entre 15 et 18° centigrades. Dans un mélange de terre composé comme je l'ai indiqué au paragraphe précédent, enfoncez jusqu'à cinq centimètres de profondeur les rameaux les plus vigoureux que vous choisirez pour en faire des boutures et je vous promets, si vous vous conformez à ces préceptes, que dans vingt jours au plus vous les verrez développer des bourgeons robustes, ce qui vous indiquera que leurs racines sont en bonne voie de formation et de développement. Cependant, si vous voulez réussir plus complétement encore, choisissez pour boutures celles du Camélia-Pinck, le plus robuste de tous et que vous saurez reconnaître à ses fleurs roses parsemées de points. Le Camélia blanc à fleurs doubles vous donnera aussi d'excellents résultats.

Si vous voulez faire multiplier certains Œillets au moyen du marcottage, je vous engage à recourir pour cette opération à la serre chaude d'appartement, vous verrez avec quelle rapidité vos marcottes se seront enracinées.

§ 4. — Soins à donner aux jeunes Plants.

ORANGERS, RHODODENDRONS, RENONCULES, ŒILLETS, AZALEES.

Lorsque vous venez de manger une Orange bien mûre, gardez-vous d'en jeter les pepins, laissez-les sécher pendant deux ou trois jours et préparez dans un pot de moyenne dimension un mélange de terreau pur et de terre de bruyère bien divisée, semez dans ce pot vos pepins d'Oranger sans trop les recouvrir de terre, et placez le tout dans votre serre chaude ; trois semaines après, vous verrez apparaître le sommet de la jeune plante. C'est au commencement de février que je vous engage à faire votre semis. Lorsque vos *Orangers* seront levés, continuez de les arroser légèrement, laissez-les croître et prendre des forces dans la serre où ils sont nés et, dès le mois de mai, vous les sortirez de la serre quelques heures par jour sans les exposer à une lumière trop vive et à l'air extérieur. Puis, peu à peu, selon que leurs feuilles auront pris un certain développement, vous les approcherez de la fenêtre, vous les habituerez peu à peu aux rayons du soleil, et, si vous en avez eu bien soin, vous pourrez les greffer dès le printemps suivant et en admirer les fleurs.

Vous sèmerez avec succès des graines de *Rhododendrons* dans votre serre chaude ; pour arriver à un bon résultat, il ne faut pas semer trop épais et ne recouvrir les graines que d'une couche très-mince de terre, un demi-centimètre environ. Arrosez tous les jours, mais avec parcimonie, maintenez la température de votre petite serre entre 15° et 18° centigrades et vos rhododendrons germeront avec facilité. Quand ils auront pris un certain degré d'accroissement, arrachez-les un par un, repiquez chacun d'eux séparément dans un pot, laissez-le s'y implanter et y faire de bonnes racines et quand il deviendra gênant pour les autres plantes par son accroissement, sortez-le de la serre et habituez-le graduellement au contact de l'air.

Pour les *Renoncules*, il faut se servir de terreau de couche bien divisée, comme les graines dont je viens de vous parler, celle-ci doit-être semée peu profondément. Arrosez comme de coutume jusqu'au moment

où les feuilles semblent vouloir se faner et quand 1[a]
plante a pris un aspect maladif, vous la privez complétement d'eau jusqu'à ce que la terre soit bie[n]
sèche. Enlevez alors les pots, videz-les, écrasez l[a]
terre qu'ils contiennent et vous trouverez vos petite[s]

Rhododendron.

griffes de renoncules que vous planterez au printemp[s]
suivant, car il faut vous dire que vous pouvez fair[e]
ce semis en décembre dans la terre chauffée. Ains[i]
plantées dès le mois de mars dans de la terre de couche, elles vous donneront des fleurs avant l'automn[e]

et vous récompenseront des soins que vous aurez su leur prodiguer.

Faites comme pour les Rhododendrons, vos plants d'*Œillets* et d'*Azalées*, ces fleurs charmantes vous ménageront les plus agréables surprises par la richesse et la variété de leurs couleurs.

§ 5. — **Bouturages en serre froide d'appartement.**

La serre froide offre de grands avantages au point de vue de la réussite du bouturage ; vous savez qu'une bouture n'est autre chose qu'une fraction de rameau enfoncée dans le sol et qui doit vivre avec les sucs qu'elle contient jusqu'au moment où les racines qu'elle aura données pourront lui aider à se développer. Or, l'évaporation étant presque nulle dans la serre, il en résulte que la bouture perd moins rapidement ses sucs et se trouve beaucoup plus à même de s'enraciner. Cette considération vous conduit à ne faire des boutures que dans votre serre froide.

Parmi les plantes que je vous engage surtout à bouturer, je vous recommande les *Pélargoniums* dont il existe un grand nombre de variétés plus brillantes les unes que les autres.

Les *Rosiers* de certaines variétés réussissent également très-bien en boutures dans la serre froide; cette opération doit se faire dès les premiers beaux jours, la plus petite branche suffit le plus souvent pour donner un individu qui fleurira avant la fin de la première saison ; si vous voulez arriver sûrement à ce résultat, choisissez de préférence les rosiers de Chine et les rosiers de Bengale nains, quelques-uns de ces charmants petits arbustes croissent et fleurissent dans les pots les plus petits.

Les *Bégonias* sont des plantes extrêmement curieuses, tant par leur élégance et l'originalité de leurs couleurs que par la façon dont elles se reproduisent, on les obtient en se servant de leurs feuilles en guise de boutures. Vous comprenez bien qu'un tel genre de bouture exige des précautions et que la serre d'appartement leur est plus nécessaire qu'à tout autre espèce de bouture pour réussir. Voici comment l'on procède le plus habituellement : On prend une feuille de Bégonia, de préférence à tout autre, le Bégonia fuschioides, ou le Begonia prestonicasis on enfonce sa queue ou pétiole dans un mélange de terre de bruyère et de terreau et on arrose tous les jours de façon à ce que la terre soit toujours très humide, peu à peu, le pétiole se couvrira de bourgeons qui bientôt obtiendront des racines et là où il n'existait primitivement qu'une feuille, vous aurez le plaisir de trouver une plante complète. De tous les Bégonias le Bégonia à manchettes est l'un des plus curieux si l'on prend une de ses feuilles pour faire une bouture, quelques jours après qu'elle a été mise en terre on le voit se recroqueviller, se contourner sur elle-même comme si elle avait été mise en contact d'un corps brûlant, en un mot elle paraît desséchée et complétement privée de vie. Ne vous laissez pas décourager et surtout n'allez pas l'arracher, en ce moment elle présente déjà des renflements qui vont devenir des racines et vous aurez bientôt une belle plante. Cependant, si vous voulez à ce moment obtenir plusieurs tiges, vous n'aurez qu'à fendre le pétiole de la feuille et à le diviser en autant de parties qu'il y a de renflements, autant de morceaux que vous en aurez faits, autant de plantes que vous obtiendrez.

Traitées de la même manière, les feuilles d'Achimènes vous donneront les mêmes résultats; cependant comme elles sont plus délicates, je vous engage à les recouvrir d'une très-petite cloche, l'évaporation qui se fait dans la serre froide étant encore trop considérable.

Les *Verveines*, les *Géraniums*, les *Fuchsias* se bouturent de la même manière, prenez de préférence une branche jeune et n'ayant pas de fleurs.

Les plantes grasses se multiplient très-bien par boutures dans la serre froide, prenez par exemple les raquettes d'un Cactus opuntin. Après les avoir coupées bien net à leur base, laissez sécher la plaie pendant un jour ou deux, selon que le temps est plus ou moins sec, plantez-les et vous les verrez bientôt se couvrir elles-mêmes de raquettes, de jolies fleurs et de fruits rouges, que l'on dit bons à manger. Usez du même procédé à l'égard de toutes les plantes grasses naines.

§ 6. — Greffes du Camélia, du Rosier et de l'Oranger.

On a recours à la greffe pour les *Camélias* trop vieux que l'on veut rajeunir et pour les jeunes Camélias nés de bouture. Quelque soit l'âge d'un Camélia, si on insère sur sa tige un écusson de jeune Camélia vigoureux, on le verra prospérer rapidement, et au lieu d'un arbuste languissant, on aura une belle plante vigoureuse et riche en fleurs.

Pour greffer un Camélia de bouture, vous devez attendre qu'il ait pris une consistance ligneuse suffisante, ce qui a généralement lieu au bout de vingt mois à deux ans. Puis, vers le milieu de sa hauteur, choisissez une feuille aussi saine et aussi vigoureuse que possible, à l'aisselle de cette feuille, vous remarquerez un œil, rudiment de branche. C'est cet œil que vous allez enlever de la façon suivante pour le remplacer par l'œil d'un autre Camélia. Immédiatement en dessus et en dessous de cet œil, faites une incision transversale qui devra intéresser la moitié du diamètre de la tige du Camélia. Ayez soin d'épargner la

Camélia.

feuille qui ne doit être ni déplacée, ni lésée en aucune façon; examinez bien l'entaille que vous venez de faire, et taillez de façon à ce qu'elle s'y adapte bien exactement la branche que vous voudrez greffer et qui devra être munie d'un œil. Adaptez-le ensuite dans l'entaille, et pour le maintenir jusqu'à ce qu'il soit soudé au sujet, faites une ligature avec un fil de laine. J'ai dit un fil de laine avec intention, parce qu'avec cette ligature vous ne serez pas exposé à étrangler votre greffe; serrez assez fort pour bien mettre la greffe en contact avec le sujet et pour empêcher l'air de pénétrer.

Vous pouvez greffer de la même manière les *Myrtes*, les *Lauriers-roses* et autres variétés, à la condition d'opérer au moment du printemps, alors que la sève circule avec abondance.

Quant au *Rosier*, le meilleur mode de greffe que l'on puisse employer pour lui est la greffe en écusson dont je vous ai parlé au chapitre II.

Nos meilleurs jardiniers ont adopté pour la greffe de l'*Oranger* un nouveau procédé, connu sous le nom de *greffe à la Pontoise*. Autrefois, on greffait les orangers suivant le procédé indiqué ci-dessus pour les Camélias, mais le procédé à la Pontoise est préférable sous tous les rapports. Vos jeunes sujets doivent avoir au moins deux ans, c'est à ce moment que vous avez le plus de chances pour réussir, surtout si parmi les espèces d'Orangers, vous savez choisir et prendre ce que je vous conseille, l'Oranger de la Chine, dont les feuilles sont semblables à celles du Myrte, qui donne des fleurs en très-grande quantité.

Pour greffer à la Pontoise, vous insérez dans l'incision faite suivant le procédé indiqué pour la greffe du Camélia, un rameau tout entier, prêt à fleurir et d'un volume à peu près égal à celui de l'individu sur lequel vous le greffez. Vous coupez à deux centimètres au-dessus de la greffe, la partie du sujet placée au-dessus, et votre greffe se trouve ainsi seule à profiter de toute la sève du végétal. Vous comprenez bien l'importance qu'il y a à ce que votre opération terminée, votre plante soit placée dans la serre froide pour ne pas être soumise à une évaporation trop rapide. L'oranger est d'une nature tellement vigoureuse, que non-seulement votre greffe réussira rapidement; mais que, de plus, vous ne tarderez pas à avoir des fleurs. Quand votre greffe est reprise, ne la sortez pas de la serre pour la mettre sur le balcon, ce brusque changement pourrait la tuer, procédez avec méthode, habituez peu à peu le jeune Oranger à l'air de l'appartement et à la lumière, et vous pourrez ensuite l'exposer aux rayons du soleil d'été.

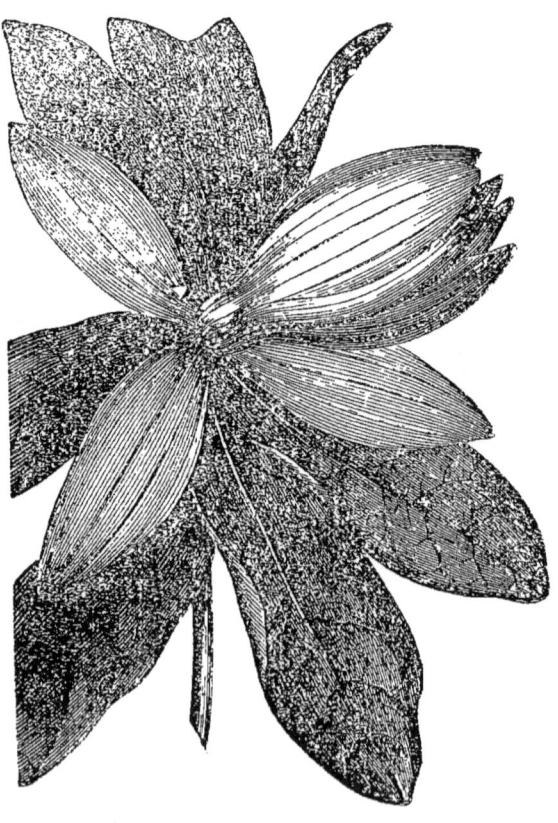

CHAPITRE IV.

JARDINS SUR LES FENÊTRES ET LES BALCONS.

Le Jardin sur la fenêtre. — Du parti que l'on peut tirer de la position des fenêtres. — Plantes que l'on doit cultiver selon l'exposition du soleil : nord, midi, est, ouest. — Les Jardins suspendus. — Les vases aériens. — Les Balcons. — La Terrasse. — La Fenêtre double.

§ 1. — Le Jardin sur la Fenêtre.

On peut dire d'une manière générale que, dans les villes, la fenêtre est le jardin de ceux qui n'en ont pas ; mais la difficulté consiste à tirer parti de la situation. Ce n'est pas tout d'aimer les fleurs et de se les donner comme compagnes ; si nous voulons qu'elles nous réjouissent la vue et l'odorat, il faut que nous sachions les placer dans les conditions qui leur sont favorables. Telle fleur qui, placée au soleil de midi, se couvrira de ses plus brillantes couleurs, végétera sans éclat et sans force si on la laisse exposée au vent du nord et à l'abri des rayons du soleil ; telle autre fleur aime la fraîcheur et fuit le soleil ; si vous l'exposez au midi, elle périra. Il en est des plantes comme des animaux ; chacune d'elles a ses mœurs, son tempérament et un climat qui lui est favorable ; mettons chacune d'elles à sa place, et tout n'en ira que mieux ; c'est ce que nous allons nous efforcer de vous démontrer ; ayez foi en notre expérience, et votre petit jardin vous occupera fort agréablement.

Je dois vous dire avant tout, que vous ne devez pas songer à mettre sur votre fenêtre aucune espèce de fleur avant de l'avoir garnie d'une balustrade dans le but de vous mettre en règle avec la loi qui exige cette précaution. Établissez donc votre jardin miniature de telle sorte que vous n'aurez à craindre aucune contrariété ; le meilleur moyen est de faire construire une caisse variable en dimensions suivant celles de votre fenêtre ; que cette caisse soit bien scellée dans la muraille ou fixée de telle sorte que vous puissiez la rentrer pendant la mauvaise saison. Remplissez-la d'un mélange de terreau pur, de terre de bruyère et de bonne terre de jardin potager, et plantez telle plante qui vous paraîtra susceptible de prospérer selon la situation de votre fenêtre par rapport au soleil. Garnissez le fond de votre caisse d'un lit de petits cailloux pour permettre aux eaux d'arrosage de s'égoutter peu à peu, et favorisez leur écoulement au dehors par des trous que vous ménagerez au fond.

§ 2. — **La Fenêtre au nord.**

Si votre fenêtre regarde du côté du nord, ne vous laissez pas décourager par cette exposition qui n'est pas aussi fâcheuse qu'elle peut vous le paraître au premier abord. Bon nombre de plantes, et des plus jolies, s'accommoderont de ces conditions ; vous y cultiverez de la *Pervenche*, et son feuillage d'un vert foncé encadrera gaiement votre fenêtre ; si vous savez imprimer à ses branches une habile direction, ses fleurs bleues lutteront d'éclat avec la *Violette* qui, elle aussi, aime l'ombrage et ne craint pas le froid. Le *Muguet*, qui pousse avec tant de vigueur à l'ombre des bois touffus, contribuera à l'ornementation. Enfin, vous n'avez que le choix, car vous pouvez obtenir également de belles fleurs de *Mimulus-Cardinal* ou d'une autre variété, de *Nemuphyles* et même d'*Hépatique*. Établissez un treillage le long duquel vous ferez grimper du *Lierre* ; choisissez la variété connue sous le nom de Lierre d'Irlande, et grâce à sa vigueur, vous aurez bientôt un rideau de verdure et de fleurs derrière lequel vous serez tout heureux de venir chercher la fraîcheur lorsque l'été aura converti votre appartement en serre chaude.

§ 3. — La Fenêtre au midi.

Si vous avez le bonheur de disposer d'une ou de plusieurs fenêtres exposées au midi, ou, ce qui serait de beaucoup préférable, si vous avez un balcon, cela vous permettra d'y cultiver les fleurs les plus exquises au point de vue de l'éclat et des parfums.

Je dois tout d'abord vous indiquer quelques précautions à prendre contre la chaleur excessive qui pourrait résulter de cette exposition et qui compromettrait le succès de vos efforts en brûlant les racines de vos chères plantes. Si vous n'avez pas de balcon, il vous faut ménager des stores en toile ou en toute autre substance, afin de pouvoir les opposer à un soleil trop ardent ; le mécanisme ingénieux dont on dispose actuellement pour établir ces tentures vous fait presque un devoir de vous en munir, et, de cette façon, vous n'aurez rien à craindre. Mais si vous avez un balcon, la difficulté sera bien moins grande ; abritez vos fleurs les plus délicates derrière un rempart de plantes plus vigoureuses, que vous ferez grimper de façon à garnir les barreaux du balcon.

Les Chèvrefeuilles vous seront d'une grande utilité dans ce cas ; ces charmantes plantes, malgré leur préférence marquée pour l'ombre et la fraîcheur, supportent le soleil et la chaleur avec une facilité merveilleuse et donnent un feuillage très-épais si on a soin de les arroser abondamment chaque matin.

Vous pourrez aussi remplacer les Chèvrefeuilles par des Jasmins de plusieurs variétés, le Jasmin de Virginie et le Jasmin blanc, par exemple. Enfin, parmi les nombreuses plantes qui peuvent vous servir dans ce cas, je vous citerai encore les Volubilis, les Cobéas, les Capucines, les Pois de senteur, les Haricots d'Espagne, etc., qui ne demandent qu'à suivre la route qu'on leur indique en mettant à proximité de leur tige des ficelles ou des fils de fer, vous aurez de cette manière un berceau de verdure suffisamment épais derrière lequel vous installerez vos plantes plus délicates.

Parmi les fleurs que vous pourrez cultiver au midi, je vous citerai en première ligne *les Roses*, qui resteront toujours les reines de la végétation : Rosier géant des Batailles, Rosier nain, Rosier mousseux, Rosier de l'Inde, Rosier du Bengale, Rosier des Quatre-Saisons et Rosier cuisse de Nymphe, telles sont les variétés que je vous recommande le plus spécialement ; elles luttent d'éclat et de parfum, et la plupart de ces charmants arbustes donnent des fleurs à plusieurs reprises chaque année.

Les Reines-Marguerites et *les Balsamines*, arrosées chaque matin avec soin, vous donnent des fleurs tout l'été. Contre votre rempart de verdure ou contre votre balcon, faites grimper quelques *Pétunias*; il en est de blancs, de roses et de pourpres, qui tous vous donneront des fleurs jusqu'à ce que la gelée vienne interrompre leur végétation. Choisissez quelques beaux *Géraniums*, des Géraniums zonales surtout, à cause de leur plus grande résistance aux intempéries, des Géraniums à feuilles de lierre ; arrosez-les souvent et débarrassez-les de leurs

Œillets de poète

branches faibles ou mal placées, leurs fleurs vous dédommageront du mal que vous vous serez donné.

A chaque extrémité de votre balcon, mettez des *Lauriers-roses* et des *Lilas*, des *Myrtes* ou des *Orangers*, et, à l'ombre de ces arbustes, amusez-vous à greffer des Géraniums et des Chrysanthèmes, ce ne sera pas la moindre de vos distractions, et c'est une des causes qui m'engagent à vous en parler.

Dans des vases remplis d'un mélange à parties égales de terreau pur, de terre de bruyère et de terre de potager, le tout bien divisé et bien pénétré d'humidité, enfoncez des rameaux de Géranium dans une longueur de 4 centimètres, arrosez souvent, mais avec parcimonie et couvrez chaque bouture avec une petite cloche en verre ou avec un verre à boire suffisamment grand. Observez bien ce qui se passera, aussitôt que les feuilles commenceront à augmenter de volume ou que d'autres apparaîtront, enlevez les verres, tenez les boutures constamment à l'ombre, continuez de les arroser et quelques jours après elles seront parfaitement enracinées.

Quant aux Chrysanthèmes, la manière d'en obtenir des boutures est la même, quand vous aurez la certitude qu'ils sont bien repris, pincez-les au sommet afin que les branches se développent de tous les côtés et se couvrent de fleurs. Faute de manquer à cette précaution, votre Chrysanthème ne porterait qu'une seule fleur, si vous voulez en essayer, vous reconnaîtrez que cette fleur unique aura au moins l'avantage d'être plus belle et plus developpée que si elle était accompagnée de plusieurs autres.

Vous pouvez encore cultiver au midi, les Giroflées, les Glaïeuls et les Œillets de poètes.

§ 4. — La Fenêtre à l'ouest.

Si votre fenêtre est à l'ouest, vous n'avez rien à désirer de mieux comme exposition, là vous pourrez cultiver telle espèce de plante d'agrément qui vous conviendra avec la certitude de la voir prospérer, vous comprenez donc bien que je ne vais pas vous énumérer ici toutes les fleurs qui pourraient trouver place dans votre jardin exposé à l'ouest, je me con-

Pensées.

tenterai de vous indiquer les plus jolies et les plus faciles à cultiver.

Les diverses espèces d'Azalées exigent une terre de bruyère mélangée à une petite quantité de terreau de couche, choisissez parmi elles, l'Azalée de l'Inde qui garde ses feuilles pendant l'hiver et dont la plus jolie variété est l'Azalée Phénicœa; après l'Azalée de l'Inde, il faut placer en première ligne l'Azalée Pontique.

Toutes les espèces d'Œillets réussissent à l'ouest et vous en profiterez pour opérer le marcottage de vos plus belles espèces. Comme les Œillets, les Pensées se développent rapidement, mais elles ont l'inconvénient de ne pas rester longtemps en fleur.

Si vous disposez d'un balcon assez large pour admettre une caisse de grande dimension, plantez dès le mois d'avril quelques pieds de Dahlia dans un mélange de terreau pur et de terreau de couche et quand ils auront perdu leurs fleurs, hâtez-vous de couper leurs tiges et d'enlever les tubercules de la terre pour les mettre à l'abri de la gelée dans une cave ou dans tout autre endroit frais.

Semez des Résédas, repiquez-les de manière à n'avoir qu'un pied dans chaque pot et si vous les pincez au sommet lorsqu'ils ont atteint une certaine hauteur, si vous pincez ensuite successivement les premières branches qui se formeront, ils deviendront ligneux et vous obtiendrez sous forme d'arbustes, des Résédas odorants que vous conserverez pendant des années. Le Réséda a un inconvénient, les papillons aiment à déposer leurs œufs sur ses feuilles, de là, une invasion de chenilles qu'il faut à tout prix détruire et sans perdre de temps, sans cela les feuilles sont dévorées en quelques heures.

Plantez quelques Anémones hépatiques et quelques anémones des fleuristes, mais veillez à ce que la terre presque toute de bruyère, soit légère et toujours fraîche.

Semez dès les premiers jours d'avril quelques graines de Lupins; vers la fin du mois de juin, quelquefois avant, ils auront acquis une hauteur de 1 à

2 mètres et se couvriront de belles fleurs de couleur variable. Je ne saurais trop vous recommander la culture des Volubilis, des Cobéas, des Pois de senteur et des Capucines, toutes ces plantes plus charmantes les unes que les autres poussent avec la plus grande facilité, donnent des fleurs en quantité considérable et savent se plier à tous vos caprices en s'attachant aux fils que vous établissez pour les faire grimper où bon vous semble.

§ 5. — La Fenêtre à l'est.

L'exposition à l'est n'est pas des plus favorables, cependant on peut encore y cultiver beaucoup de plantes d'ornementation, toutes celles que nous avons indiquées pour la fenêtre à l'ouest y pourront prendre place et pour ne pas revêtir une parure aussi éclatante elles n'en offriront pas moins un certain attrait; Cobéas, Pois de senteur, Capucines, Volubilis et en général toute plante grimpante y réussissent bien. La Véronique d'Anderson y épanouira ses longues grappes, violettes d'abord, puis blanches ensuite jusqu'à l'hiver et vous pourrez ensuite la mettre à l'abri contre le froid dans votre salon ou dans un autre endroit tempéré.

Cultivez aussi l'Héliotrope du Pérou, donnez-lui du terreau presque pur, arrosez-le souvent et surtout ne lui ouvrez pas votre chambre à coucher, son parfum est des plus dangereux. Les Juliennes réussissent bien à l'est, dans un mélange de terreau pur et de terre de bruyère bien divisée.

Les Cactus, la Serpentine principalement, y fleurissent assez bien, le Cactus Epiphyllum dont les fleurs sont d'un beau rouge, l'Echinocactus, demandent des arrosages aussi fréquents pendant l'été que les autres plantes, malgré l'opinion contraire. Toutes ces fleurs réclament des soins pendant l'hiver, le froid leur est préjudiciable, changez-les de pot chaque année, ne leur donnez qu'une petite quantité de terre, mais qu'elle soit légère, grasse et bien divisée.

Je vous recommanderai encore en terminant, les Saxifrages, celle de Sibérie et la Saxifrage sarmenteuse principalement, cette dernière fleurit en juin et juillet, fournit des traînasses comme les Fraisiers et s'accommode des terrains les plus ingrats.

§ 6. — Les Jardins suspendus. — Les Vases aériens. Le Jardin dans la carafe.

Vous connaissez certainement ces vases à suspension que les potiers savent orner des dessins et des moulures les plus agréables, c'est un genre de décoration que je vous engage à mettre à profit pour vos salles à manger, pour votre salon et surtout pour les vestibules. Il vous est on ne peut plus facile, à cause de la variété que présente ces vases, de les mettre en harmonie avec le style de votre habitation et de votre ameublement et vous les garnirez des fleurs qui vous seront le plus agréables, vous avez le choix d'ailleurs, car un grand nombre de plantes s'accommodent parfaitement de ce genre d'existence.

Il est inutile de vous rappeler que l'arrosage doit se pratiquer assez souvent et que votre vase aérien doit être muni de trous pour laisser passer l'excès d'humidité ; le terreau que vous emploierez sera mélangé à une bonne partie de terre de bruyère. Placez dans ces vases quelques petits oignons de Tulipes naines connues sous les noms de Tulipes de Tholl ou duc de Tholl, que le nombre n'en soit pas trop considérable; pour un vase aérien ordinaire on en met cinq en général, arrosez sans excès et bientôt vous verrez vos Tulipes s'épanouir et vous

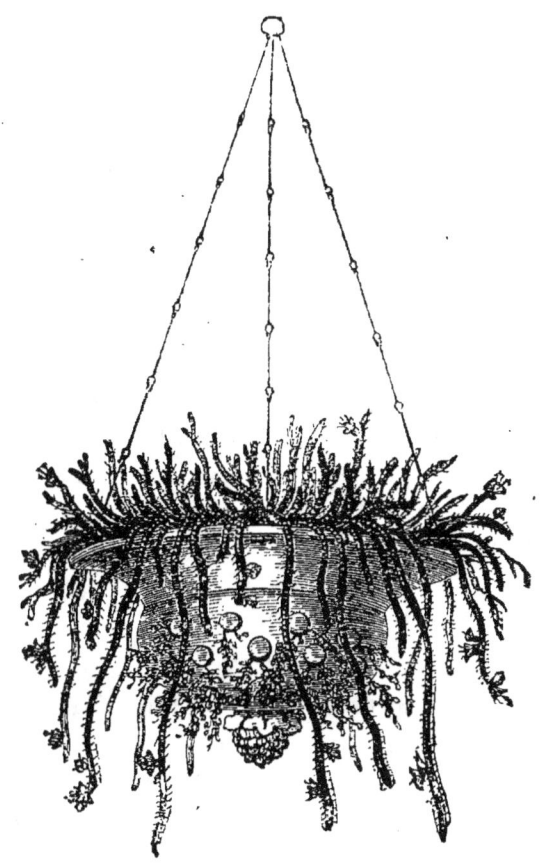

Cactus serpentaire.

présenter une fleur admirable dont le parfum rehausse encore le charme.

Dans un autre vase aérien, placez des oignons de Crocus de couleur variée, arrosez-les chaque jour et vous aurez des fleurs, même en hiver si l'appartement n'est pas trop froid. Si vous ne voulez pas les cultiver pendant la saison froide, mettez-les dans un endroit tempéré, couverts de terre et ne les arrosez pas. Je vous recommande tout spécialement la culture de ces Crocus, parce qu'ils sont tellement variés que, si vous en avez une quantité assez considérable, ils vous émerveilleront par le contraste des couleurs. Sur les trous dont sont munis ces vases, vous pouvez placer vos oignons de telle sorte que leur tige passera par ces orifices quand elle se développera ; de la sorte, vous aurez autant de fleurs et de tiges qu'il y aura de trous à votre vase aérien, ce qui ne laisse pas de produire un effet des plus gracieux.

Les plus jolies plantes qui conviennent pour les jardins suspendus sont les Pétunias, la Saxifrage sarmenteuse, le Géranium à feuilles de lierre, le Cactus serpentaire, les Pervenches à feuilles panachées, le Convolvulus Mauritanicus, les Ficoïdes et le Sedum Sieboldi.

Beaucoup de personnes ont tenté vainement de cultiver un grand nombre d'orchidées, leur insuccès n'a rien de surprenant, car il faut la température d'une serre chaude, température qu'il n'est pas possible de leur donner dans nos appartements.

Vous parlerai-je enfin des autres vases suspendus que l'on fait au moyen d'une moitié de noix de coco percée en dessous et dans laquelle on obtient des Maxillaires dans un mélange de terre de bruyère et de détritus de mousse. Quelques amateurs fantaisistes ont cultivé des fleurs dans de grands coquillages dont ils faisaient des jardins suspendus. Enfin, si vous voulez un jardin aérien à bon marché, vous n'avez qu'à suspendre à un fil de fer une grosse éponge à voiture dans laquelle vous aurez introduit, au moyen de déchirures, quelques oignons de Jacinthe, vous l'entretiendrez dans un état d'humidité constante et vous aurez bientôt des fleurs. Ce résultat, vous pouvez l'obtenir encore avec de la mousse humide.

Le jardin dans une carafe n'est pas moins intéressant à connaître que les jardins suspendus. A la beauté des fleurs que l'on obtient, ce procédé joint l'avantage d'exiger peu de soins; De plus, pour peu que vous fassiez un peu de feu tous les jours dans votre salon, vous pourrez obtenir des fleurs pendant toute la durée de l'hiver, ce qui constitue toujours une agréable distraction. Parmi les plantes qui se prêtent le plus facilement à ce singulier genre de culture, je vous citerai les Jacinthes, les Narcisses-Jonquilles, les Tulipes de Tholl dont je vous ai déjà parlé et les Crocus. Quels que soient les oignons que vous aurez choisis, veillez à ce qu'ils soient peu développés, lisses et sans aucune trace d'altération.

Plusieurs moyens sont à votre disposition ; le premier et le plus usité consiste à placer à l'orifice d'une carafe à large goulot, l'oignon que vous voulez faire fleurir, de façon que la racine soit toujours au contact du liquide. Tous les jours vous versez une petite quantité d'eau pour remplacer celle qui s'est évaporée ou que la plante aura absorbée pour se développer. Je ne saurais trop vous recommander de vous servir d'eau qui soit à la même température que celle de la carafe à fleurs. Si vous négligiez cette précaution, vos oignons seront retardés dans leur développement et, au lieu de fleurs brillantes, vous n'aurez que des fleurs étiolées et languissantes. L'excès de chaleur dans l'appartement est aussi préjudiciable à ce genre de culture en hâtant le développement des feuilles aux dépens de celui des fleurs. Ne négligez pas non plus de changer chaque jour votre carafe de côté; les plantes, vous le savez, s'inclinent toujours du côté de la lumière et finissent par se courber complètement, si vous ne les maintenez dans une situation verticale en ayant recours au petit moyen que je viens de vous indiquer. L'Ornithogale d'Arabie ainsi cultivée donne, comme la Jacinthe et autres plantes citées plus haut, d'excellents résultats; mais, si vous ne reculez pas devant une petite dépense pour satisfaire votre goût, cultivez par le même procédé le Lys Saint-Jacques, je vous promets une surprise des plus agréables.

Vous vous demanderez comment il peut se faire que des plantes se développent dans de semblables conditions, n'ayant pour se nourrir et se développer que de l'eau claire. Votre question est bien naturelle; mais vous allez comprendre le mécanisme de cette végétation. Seules, les plantes munies de bulbes peuvent se développer de cette manière, parce que ces bulbes ne sont autre chose qu'un amas considérable de matières propres à nourrir la plante, et que ce sont eux qui lui fournissent la majeure partie des matériaux qui lui sont nécessaires. Quant aux autres matériaux, la plante les puise dans l'air et dans l'eau qui tient en dissolution une quantité plus ou moins considérable de gaz et de sels calcaires.

Il me reste à vous parler maintenant d'un autre mode de culture aussi original que gracieux et qui est devenu à la mode depuis peu de temps. Il consiste à obtenir des fleurs dans l'eau. Voici comment on procède : le plus souvent on fait cette expérience sur des Jacinthes. Une carafe munie à sa partie supérieure d'une petite caisse de dix centimètres de largeur et de longueur sur cinq centimètres de hauteur est remplie complétement d'eau; un orifice la met en communication avec l'intérieur de la boîte. La carafe étant remplie d'eau, on ferme l'orifice au moyen d'un oignon de Jacinthe disposé de telle sorte que le plateau, c'est-à-dire la partie d'où naît la racine, regarde en haut, tandis que l'autre côté, celui qui laissera sortir la tige regarde du côté de l'eau avec laquelle il est en contact. La boite ou petite caisse est munie à sa partie supérieure d'un autre orifice par lequel vous introduisez un second oignon de Jacinthe disposé tout différemment que le premier, c'est-à-dire que les deux plateaux sont en rapport, et que le côté qui doit donner la tige regarde en haut. Les oignons étant disposés de la sorte, vous remplissez de terreau les espaces de la petite caisse et vous arrosez avec la plus grande modération; au bout de quelque temps, les deux oignons croissent en sens opposé. Le premier enfonce dans la carafe sa tige et ses feuilles, tandis que l'autre suit sa direction naturelle. Il en résulte que vous ne tardez pas à avoir deux fleurs de Jacinthe aussi belles l'une que l'autre, bien que l'une soit plongée dans l'eau, tandis que l'autre respire librement.

Ne vous hâtez pas trop de jeter aux ordures les oignons dont vous vous serez servi pour faire ces expériences, laissez-les sécher doucement, débarrassez-les de leurs racines et de leurs tiges et lorsque vous les aurez enfouis dans de la terre sèche, mettez-les à l'abri dans une cave. Dès le commencement d'octobre, plantez-les dans des pots, ne les laissez pas au froid et, s'ils ne fleurissent pas tous, au moins vous fourniront-ils des petites bulbes qui vous serviront à les multiplier.

§ 7. — La Terrasse ; sa disposition, plantes que l'on peut y cultiver. — La Fenêtre double.

Si vous avez le bonheur de disposer d'une terrasse, c'est là vraiment que vous pourrez trouver dans le jardinage une distraction de tous les instants, et le moyen de vous occuper si vous voulez donner à vos fleurs tous les soins qui leur sont nécessaires. Vous aurez la faculté d'y cultiver non-seulement les plantes ordinaires d'appartement, mais aussi des arbustes susceptibles d'acquérir un certain développement.

Aimez-vous les Tulipes ? Consacrez-leur une caisse longue et large ; choisissez les plus belles variétés, plantez-les au commencement d'octobre sans vous inquiéter de ce qu'elles deviendront pendant l'hiver, le froid ne les tue pas et, dès les premiers jours de février, les feuilles qu'elles commenceront à donner vous rassureront à leur égard. Faites de même pour les Jacinthes, plantez-les à la même époque ; mais comme elles ne supporteraient peut-être pas aussi bien l'hiver, recouvrez-les avec de la paille longue et non pas avec du fumier, ce qui les ferait pourrir. Ménagez entre chacun de vos oignons de Jacinthe un espace de douze centimètres, et, si vous avez choisi de belles variétés, leur éclat et leur parfum vous récompenseront de vos soins. Plantez également des Pensées, des Renoncules et des Anémones : toutes ces plantes sont prodigues de fleurs.

Dès les premiers jours de printemps, vous devez pour orner votre terrasse, avoir recours à la Diclytra Spectabilis ; cette plante, originaire de la Chine, résiste aux intempéries et son bon marché la rend accessible à toutes les bourses. Utilisez les endroits de votre terrasse inaccessibles au soleil en y cultivant le Gaura Luidheimeri et le Dipsacus cardinal.

Les Giroflées, les Balsamines, les Reines-Marguerites fleuriront à l'envie sur votre terrasse, luttant d'éclat avec les Œillets, sur lesquels j'attire particulièrement votre attention, parce qu'à eux seuls ils constituent par leur variété, la plus grande partie de l'ornementation d'une terrasse; parmi ceux qui sont dignes de votre préférence, je vous citerai notamment l'Œillet Condé jaune à rebords rouges, l'Œillet Joseph rose tendre pointillé de rouge sombre, l'Œillet Ratafia rouge sombre, et l'Œillet Flamand.

Achevez de garnir votre terrasse avec des Géraniums de bouture et avec des Fuchsias obtenus par le même mode de reproduction ; les Héliotropes et les Chrysanthèmes y trouveront également leur place. Cultivez aussi le Réséda ; son parfum rachète l'absence de son éclat ; c'est une fleur qui, pour être obscure, n'en a pas moins le mérite d'exiger peu de soins, peu d'espace et peu de soleil. Enfin, pour vous faire de l'ombre, ayez recours aux arbustes. Indépendamment de ceux dont je vous ai parlé à propos de la *fenêtre au midi,* servez-vous pour garnir vos treillages de quelques pieds de Clématite ; plantez un Clianthus, un Jasmin de Virginie, un Budleya, si vous le préférez, et vous pourrez braver derrière ces murailles fraîches et parfumées les rayons du soleil le plus ardent. La Glycine de la Chine vous servira à faire des guirlandes ; c'est la plus belle des plantes grimpantes.

Si votre terrasse est assez grande, ne négligez pas la culture de l'Hortensia, une des plus jolies plantes et par sa fleur et son feuillage. Il se cultive principalement au nord et dans la terre de bruyère, il ne souffre que des hivers très-rigoureux et on le protége suffisamment en l'entourant de feuilles ou de paille. On peut artificiellement donner à sa fleur une

Hortensia ou Rose du Japon.

coloration bleue très-prononcée en mêlant à la terre des détritus d'ardoise. L'Hortensia se multiplie par des boutures.

L'hiver est sur le point de venir vous interrompre au milieu de vos agréables distractions ; ne vous laissez pas effrayer ; le règne vegetal vous offre encore quelques ressources. Déjà vous avez mis à l'abri du froid les plantes délicates. Nous sommes au mois de novembre, et votre Réséda vous donne encore des fleurs ; la Capucine brave encore le vent du nord, et vos Chrysanthèmes demandent grâce. C'est le moment de préparer les fleurs d'hiver. Plantez alors des Lierres ; à chaque angle de votre terrasse, placez dans une caisse un Houx ; il en existe de deux sortes : celui des bois, ce n'est pas le moins beau, et le Houx à feuilles panachées blanc et vért. Mettez, de façon à ce qu'ils profitent du peu de soleil de la saison, quelques Cognassiers du Japon ; plantez surtout les Galanthus Perce-Neige et l'Ellebore rose, et votre terrasse ne sera pas encore si désolée que vous auriez pu le craindre. Si vous avez semé dès le mois de septembre quelques graines d'Eucharidium grandiflorum, vous obtiendrez des jeunes plantes qui braveront les rigueurs de l'hiver pour fleurir au beau temps.

Dans les villes du nord de la France, de la Hollande, de la Belgique, les fenêtres sont garnies, pour la plupart, d'un double châssis dans lequel on place, de manière à garnir l'embrasure de la fenêtre, une grande caisse remplie de terre de couche. La fenêtre est ainsi transformée en une sorte de serre dont les murs sont garnis de Lierre ou de toute autre plante grimpante ; des vases aériens sont suspendus au plafond, et la terre de la caisse est réservée à des plantes de serre tempérée ou chaude. Imitez donc, dans cette circonstance, les habitants de la Hollande ; faites construire une fenêtre à double châssis et disposée de telle sorte que vous pourrez donner de l'air à vos plantes en soulevant le panneau vitré au moyen d'une crémaillère fixée sur la traverse inférieure; ornez le vase aérien avec une Kennedie dont les longues grappes se succéderont pendant presque toute l'année. Disposez dans les angles des sortes d'étagères en rapport avec la grandeur de votre fenêtre double, et, sur les rayons de cette étagère, établissez des vases dans lesquels vous aurez planté les fleurs délicates qui demandent une chaleur tempérée. Si la dépense ne vous effraye pas, faites ces dressoirs en verre, afin de ne pas jeter trop d'obscurité dans votre appartement; vous aurez une autre précaution à observer : les fleurs que vous établirez sur vos dressoirs ne doivent pas être susceptibles d'acquérir une hauteur trop considérable. Dans la caisse, vous planterez la Lobélie brunius ou la Lobélie de Surinam et les boutures que vous aurez obtenues dans votre serre d'appartement : Fuchsias, Géraniums, etc. Vous multiplierez encore dans votre fenêtre double, et au moyen de boutures, les Begonias, les Achimènes, en ayant soin de les arroser souvent, mais avec beaucoup de modération. Vous connaissez la Sensitive, et vous savez quels sont les phénomènes curieux qu'elle offre lorsqu'on vient à la toucher; vous savez aussi combien cette plante nerveuse a horreur du froid; cultivez-la dans votre fenêtre double, elle y croîtra rapidement, et cette température lui suffira pour l'hiver.

Je vous engage encore à cultiver dans la fenêtre double. Disposez des fils le long des parois de votre fenêtre double et faites enrouler autour d'eux des Thumbergias et des fleurs de la Passion.

CHAPITRE V.

LES FLEURS D'APPARTEMENT.

Les fleurs d'appartement. — Les Corbeilles et les Jardinières. — Culture des Plantes grasses, des Fougères et des Orchidées. — L'Étagère, la Cheminée et les Graminées.

§ 1. — De la Culture des fleurs dans les Appartements.

C'est pendant les longues journées d'hiver, alors que vous ne pouvez chercher de distractions ni sur votre fenêtre, ni sur votre balcon, ni sur votre terrasse, que vous serez heureuse de pouvoir orner votre appartement de quelques fleurs dont la verdure et la fraîcheur vous feront attendre patiemment le retour du printemps après lequel vous soupirez à bon droit. Jardiner sans sortir de chez soi, arroser les fleurs alors que la neige tombe à flocons, constitue encore un genre de distraction que l'on recherche avec raison, mais il ne suffit pas d'avoir bonne intention, il faut savoir agir avec opportunité, ce mode de culture exige des précautions et des soins sans lesquels on n'arriverait à rien. Ainsi, un grand nombre de dames se hâtent de dépoter leurs fleurs pour les mettre en corbeille et en jardinière, ces fleurs jusqu'alors placées dans une quantité de terre suffisante se trouvent alors pressées les unes contre les autres et meurent rapidement ; d'autres fois encore, on néglige de les arroser et ce n'est que lorsqu'on s'aperçoit qu'elles se fanent que l'on pense à elles, il est trop tard. Souvent aussi on les arrose trop et elles pourrissent, enfin on les éloigne trop du jour ou on les rapproche trop de la cheminée et dans un cas comme dans l'autre on les voit dépérir peu à peu et mourir.

Si donc vous voulez trouver dans le jardinage d'appartement une utile distraction, occupez-vous de vos fleurs, sans cela vous n'éprouverez que des déceptions.

Je vous dirai tout d'abord que si vous voulez faire hiverner vos fleurs, il ne faut pas les dépoter, cette opération n'est pas nécessaire pour les mettre dans une jardinière où elles peuvent parfaitement trouver place avec le vase qui les contient. Que vos plantes soient toujours placées de façon à recevoir autant que possible la lumière que la fenêtre laisse entrer dans l'appartement; enfin, si la température du dehors est très-abaissée, avant de vous coucher, rapprochez vos fleurs de la cheminée afin qu'elles profitent du peu de chaleur qui s'en dégage. Quant à vos plantes d'appartement, pendant l'été, elles ne demandent que de l'air et des arrosages un peu plus fréquents ; si une pluie survient par un temps doux, profitez-en pour les exposer au dehors afin que la poussière qui recouvre leurs feuilles soit enlevée, ce qui leur permettra de remplir leurs fonctions avec une plus grande faculté, sinon, vous aurez à les nettoyer comme je vous l'ai indiqué précédemment. (Voyez *Chapitre 1er, paragraphe* 4.)

Il n'est pas nécessaire de vous prévenir que, faute de faire du feu pendant plusieurs jours dans votre appartement, par un froid rigoureux, soit que vous soyez absente, soit pour tout autre cause, vos plantes perdant le bénefice de la température à laquelle elles etaient jusqu'alors soumises, ne tarderont pas à se faner et à mourir. Mais, dites-vous, quelles sont les plantes que l'on peut ainsi cultiver pendant l'hiver? Vous n'avez que le choix; independamment de toutes celles dont je vous ai parlé jusqu'ici, vous pouvez garnir votre appartement avec des *Palmiers*, tels que le Chamærops humilis et le Chamoedon d'Afrique, le Phormium terax, les Curculigo, le Ficuselastica, vulgairement appelé Caoutchouc, les Myrtes, les Pandanus, le Rhapis flagelliforme et le Jabaca spectabilis.

Rien de plus simple que la culture de ces arbres; sont-ils jeunes? donnez-leur de la terre de bruyère sans aucun mélange; renouvelez-la souvent car leurs racines sont friandes et épuisent rapidement le sol. À defaut de terre de bruyère, les arbres de la famille des Palmiers se trouvent bien aussi d'un bon terreau de feuilles. Quand vos Palmiers ont atteint un développement assez considérable, remplacez la terre de bruyère par un mélange composé de terreau de feuilles et de terre franche; il n'est pas besoin de vous dire que ces arbustes, originaires des pays chauds se trouvent bien d'une température assez élevée, ce qui leur est surtout nécessaire quand on les change de terre. Lorsqu'on transplante ces végétaux, il est d'autres précautions à prendre, ainsi, il faut les enterrer profondément afin que toutes leurs racines puissent se trouver caches dans le sol. Quant à l'arrosage, presque tous les Palmiers aiment un terrain humide, excepté en hiver; l'aération leur est aussi nécessaire, notamment pour le Phœnix dactylifera, pour le Thrinax, pour le Chamærops, etc., sur lesquels l'humidité constante de l'air a pour effet de donner naissance à des moisissures. Quant aux modes de reproduction des Palmiers, ils sont en nombre restreint : le meilleur moyen con-

Chamærops humilis.

siste à les obtenir de semis ; mais à défaut de graines, on se sert de bourgeons qui se développent presque toujours à la base de leur souche et que l'on détache lorsqu'ils ont quelques racines adventives et que l'on plonge dans un bon mélange de terreau et de terre de bruyère soumis à une bonne température et à une bonne humidité.

Parmi les Palmiers que je vous ai cités, je vous recommanderai plus particulièrement le Chamærops Excelsa aux feuilles en éventail, qui supporte assez bien la température de nos climats; puis, le Chamærops de Fortune, qui conserve longtemps ses anciennes feuilles; enfin, le Chamærops Humilis, beaucoup plus petit que les précédents, touffu, d'un vert grisâtre et qui est facile à acclimater. Le Chamærops de Martins est aussi une variété très-rustique et qui n'atteint pas un trop grand développement.

Les Chamœdorea sont des petits Palmiers d'une élégance extrême, dont les petits fruits ont la couleur du corail; les plus jolis sont : le Chamædorea Scandens, le Chamædorea Latifrons, le Chamædorea Glaucifolia et le Chamædorea Oblongata, tous de dimension moyenne, demandant un bon terreau et une chaleur tempérée.

Les *Lataniers (Latania)*, le *Latanier de Bourbon* notamment (Voyez fig. page 56), s'accommodent bien d'une chaleur tempérée; je vous citerai encore le Latanier rouge qui demande peu de chaleur (15 à 20 degrés centigrades).

Les *Rhapis* sont des Palmiers buissonneux qui conviennent très-bien à l'ornementation des appartements, le Rhapis humilis surtout; c'est une espèce naine aux feuilles d'un vert tendre, et le Rhapis flagelliformis, dont les tiges forment des touffes élégantes.

Le Corypha Australis (fig. p. 57) a de larges feuilles en éventail dont la couleur d'un vert foncé éclatant, réjouit l'œil; mais, méfiez-vous des épines qui garnissent la base de son long pétiole, elles sont dures comme de l'acier. Cette plante s'accommode bien de la serre froide.

Les *Phœnix* ou Dattiers sont des palmiers à tige élancée et dont toutes les feuilles sont terminales, vous en connaissez les fruits qui sont charnus et d'une couleur variant entre le jaune et le rouge pourpre. De toutes les variétés de Dattiers, le Phœnix dactilifera est celle qui convient le mieux à l'ornementation des salons; elle demande une chaleur

Latania Borbonica.

tempérée. Le Phœnix réclinata est un dattier très-rustique, à longues feuilles et qui se contente de la serre froide, c'est un avantage qui a valu à cette plante de s'être beaucoup propagée dans nos salons.

Les *Phormiums* sont des plantes herbacées dont le feuillage est des plus convenables pour l'ornementation des salons; nous recommandons parmi les variétés, celle qui porte le nom de Gui de la Nouvelle-Zélande ou Phormium tenax, auquel vous préparerez une terre légère que vous tiendrez fraîche.

par les arrosements fréquents que vous pratiquerez en été. Cette plante, à laquelle la température douce

Corypha australis.

des appartements convient à merveille, porte des feuilles de 1 à 2 mètres de longueur.

Parmi les *Curculigo*, vous choisirez le Curculigo recurvata, plutôt à cause de ses feuilles ornementales que pour ses fleurs peu agréables à la vue.

C'est aussi à leur feuillage que les *Pandanus* doivent la préférence dont ils sont l'objet pour l'ornementation des appartements; leurs feuilles dispo-

Corypha fillifera.

sées en spirale au sommet de la tige, forment une gerbe; mais ces plantes ne conviennent qu'aux appartements bien chauffés (25° centigrades). Un mélange de terre franche et de bonne terre de bruyère leur convient parfaitement; le Pandanus utilis seul, fait exception et croît mieux dans une terre sablonneuse et dans une atmosphère chaude et fréquemment renouvelée. Je vous signale tout particulièrement le Pandanus javanicus, vigoureux, buissonnant et que vous pouvez cultiver en plongeant le pot qui le contient dans un aquarium chauffé. Vous cultiverez de la même manière le Pandanus bromeliæfolius, dont le feuillage allongé est des plus élégants. Le Pandanus Mauritianus convient aussi fort bien à l'ornementation.

Le *Jubaca Spectabilis* qui vient en terre froide est aussi une très-gracieuse plante d'appartement.

Les *Dracænas* ou *Dragonniers* sont de charmants arbustes dont la tige presque toujours simple est surmontée d'une gerbe de feuilles longues et étroites qui conviennent parfaitement à l'ornementation, d'autant mieux que la culture en est facile. De la terre de bruyère, soit dans un pot, soit dans une caisse; de la lumière en quantité suffisante, mais peu de soleil; des arrosages assez copieux au moment de la végétation et une température moyenne, il n'en faut pas davantage pour réussir dans la culture de ces plantes. On en obtient parfaitement la multiplication en bouturant des portions de tige de 15 centimètres de long, ou en bouturant une portion de tige portant une feuille avec un œil, dans un terrain chaud et sous cloche.

Le Dracæna Terminalis est une des plus belles espèces; ses feuilles en spirale revêtent les plus riches couleurs, depuis le violet et le rose jusqu'au rouge foncé.

Le Dracæna Brasiliensis est aussi une très-belle variété; ses feuilles, d'un très-beau vert, sont très-larges et portées par des pétales longs et canaliculés.

Le Dracæna Augustifolia ou Indivisa a des feuilles

en forme d'épée romaine, longues de 60 centimètres en moyenne sur 9 centimètres de largeur ; elles

Dracœna rubra.

sont d'un vert foncé, striées de blanc et de jaune orange.

L'espèce la plus rustique de toutes est le Dracœna

Dracœna indivisa.

Couyenta, que l'on peut cultiver en serre froide; ses belles feuilles vertes s'insèrent sur des tiges d'une grande élégance, ses fleurs sont en grappes et revêtent une couleur qui se rapproche de celle du lilas.

Le Dracœna Rubra est encore une très-jolie variété se cultivant parfaitement en serre froide.

Il est une autre plante d'ornement par excellence, sur laquelle je veux attirer spécialement votre attention ; je veux parler du *Yucca* et de ses variétés. Ces plantes, aux longues feuilles disposées en bouquet terminant une tige plus ou moins courte et aux fleurs pendantes, réussissent bien dans une terre maigre et aiment une lumière suffisante. Les Yuccas se multiplient au moyen de boutons et de semis ; il en existe un grand nombre de variétés. Le Yucca à feuilles d'aloès, auquel la temperature des appartements convient bien, peut atteindre quatre mètres de haut ; il donne en été des fleurs d'une blancheur presque parfaite ; ses feuilles sont armées de piquants.

Le Yucca Gloriosa atteint un mètre de hauteur ; ses feuilles sont nombreuses, et il fleurit en été et en automne.

Le Yucca Augustifolia a une tige courte et des feuilles étroites, mais remarquables par les filaments argentés dont elles sont munies sur leur bord ; cette varieté donne en été des fleurs nombreuses.

Le Yucca Pendula atteint une hauteur d'un mètre environ ; ses feuilles sont remarquables en ce qu'elles changent de couleur. Il donne des fleurs à l'été et à l'automne.

Je vous citerai encore les Yuccas Striata et Filamentosa qui, pendant l'été, donnent des fleurs verdâtres, qui deviennent ensuite parfaitement blanches.

Les *Bégonias* sont de très-belles plantes d'appartement ; elles sont aussi très-faciles à cultiver et supportent bien l'hiver dans une atmosphère tempérée, à la condition qu'elles soient à l'abri de l'humidité. Parmi les variétés, les unes sont grimpantes ; les autres sont rampantes. Lorsqu'on veut les faire croître rapidement, on doit les tenir dans de la terre de bruyère, et leur donner de la chaleur et une demi-lumière ; on les arrosera assez fréquemment, mais de manière cependant que la terre ne soit mouillée que légèrement. On les obtient de semis ; les graines sont confiées à une terre humide, dans des pots à soucoupe remplie d'eau, de manière à éviter les arrosages ; on recouvre le pot avec une cloche.

Je ne vous indiquerai ici que les variétés qui conviennent le mieux à l'ornementation des appartements.

Le Bégonia Fuschioides est buissonnant; ses fleurs pendantes et d'un rouge vif rappellent celles du Fuchsia.

Le Bégonia Miniata fournit, depuis le mois de juin jusqu'au commencement de l'hiver, de nombreuses fleurs rouges comme le minium.

Par ses fleurs larges et d'un beau rouge, par ses feuilles d'un joli vert brillant, le Bégonia Veitchii se recommande aussi pour l'ornementation des appartements.

Si vous disposez d'une serre chaude pour l'hiver, vous cultiverez avec plaisir le Bégonia Manicata, le Bégonia Incarnata dont les fleurs en grappes, d'un rouge vif, sont du meilleur effet, le Bégonia de Preston, le Bégonia Diversifolia, aux fleurs roses, et le Bégonia-Roi, qui se recommande surtout par son feuillage. Les Bégonias Suaveolens et Luciotre vous donnent des fleurs pendant l'hiver.

Parmi les Bégonias, ceux qui offrent le plus joli feuillage sont le Bégonia Argentea, le Bégonia Victoria, le Bégonia Xanthina, le Bégonia de Griffith, le Bégonia Discolor.

Les variétés auxquelles la température des appartements convient le mieux sont les suivantes : Princesse-Charlotte, Duchesse de Brabant, Victor-Lemoine, Marquis de Saint-Innocent.

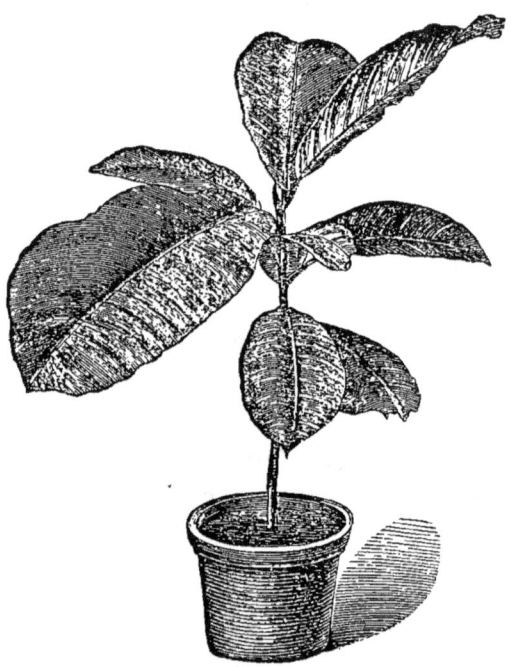

Ficus nobilis.

Les *Ficus* (*Caoutchouc*) fournissent aussi de belles espèces à la flore des appartements ; leur feuillage persistant les rend très utiles pour l'ornementation. Comme la culture dans les caisses ou dans les pots ne leur convient pas autant que la culture en pleine terre, on aura soin de leur donner un terreau humide et substantiel. Les Ficus se reproduisent facilement au moyen de boutures sur couche chaude et sous cloche ; plusieurs d'entre eux reprennent dans l'eau.

Pour orner les appartements, la meilleure espèce est le Ficus Élastica, dont les feuilles larges, d'un vert foncé et luisant sont d'un excellent effet.

Le Ficus Macrophylla se recommande aussi par son feuillage et par la facilité avec laquelle il supporte les basses températures.

Le Ficus Grimpant est une espèce très-rustique aussi et garnit très-bien les murailles, il en est de même du Ficus Barbata.

Le Ficus Nobilis est d'un effet très-pittoresque; les

Aralia Sieboldi.

feuilles ont environ 60 centimètres de longueur sur 30 centimètres de largeur; elles sont épaisses et d'un vert foncé.

Il vient très-bien en serre chaude et humide.

L'*Aralia Sieboldi*, arbuste d'un très-beau port, à large feuillage persistant d'un beau vert lisse, très-avantageux pour l'ornement des salons; il résiste à une assez basse température. On peut le multiplier par des boutures de tiges longues de 20 à 25 centimètres qui doivent servir de pied-mère, pour fournir de jeunes bourgeons qu'on enlève lorsqu'ils sont

66 LE JARDINIER DES DAMES.

assez forts pour les bouturer de nouveau sur couche chaude et sous cloche.

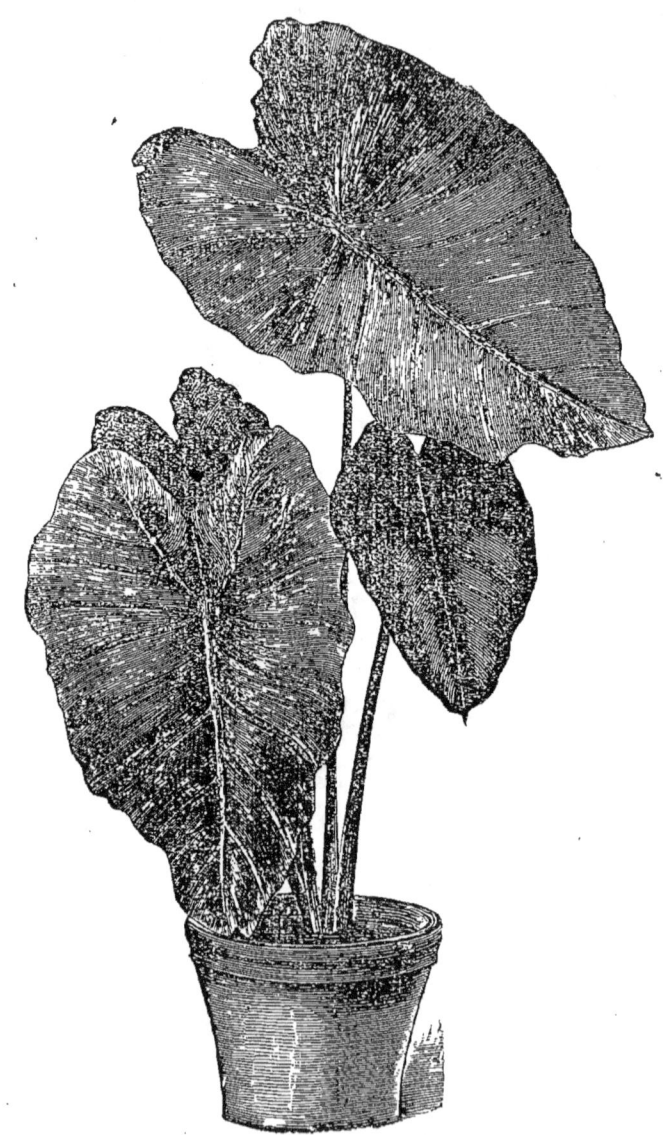

Colocassia antiquorum.

Le *Colocassia antiquorum*, plante robuste et d'une culture facile; est fort employée depuis quelques années pour l'ornement des pelouses et jardins pittoresques, soit plantée isolément ou réunie par petits groupes, soit en formant des massifs et des corbeilles comme dans les squares de Paris. Cette plante demande une terre substantielle, mais très-meuble, humeuse et fraîche, et de fréquents arrosements. Il sera bon de couvrir le sol de paille, afin de lui maintenir une fraîcheur constante.

Il faut les rentrer en octobre après leur avoir enlevé leurs feuilles et les avoir mis en pots, on suspend les arrosements pendant l'hiver.

On peut aussi mettre quelques pieds en pots sans couper le feuillage et les faire hiverner en serre chaude où les feuilles continueront à se développer jusqu'au printemps.

En dehors de ces plantes qui sont les plus répandues, le besoin de variétés a fait introduire comme ornement des serres et des salons un assez grand nombre de végétaux parmi lesquels nous citerons :

(1) Le *Montagnœa héracleifolia*, grande plante originaire du Mexique à feuillage ornemental, qu'il est d'usage aujourd'hui de placer pendant l'été isolée sur une pelouse. On lui fait passer l'hiver en serre ; sa taille dépasse quelquefois deux mètres ; elle demande peu de soins et croît rapidement.

(3) Le *Pinus macrocarpa*, bel arbre de la Californie. Il peut se cultiver en pot et en serre.

(4) Les *Ficus elastica* dont nous avons déjà parlé, ainsi que (8) des *Bégonias*.

(5) L'*Abutilon*, variété de l'Abutilon Striatum dont il se distingue par sa teinte unicolore d'un jaune d'ocre et clair. Son feuillage est d'un beau vert et sa floraison très-abondante.

(6) Le *Philodendrum pertusum*. Cette aroïdée, comme toutes les plantes de cette famille, est remarquable

par l'ampleur et la richesse de son feuillage. Elle offre, de plus, cette singularité, qu'à la base des feuilles sont deux ouvertures ovales qui lui ont valu son nom. Elle demande en hiver la serre chaude, tout au moins une bonne serre tempérée.

(9) Le *Sedum Siedeboldii*, l'une des plus jolies et plus agréables plantes qu'un amateur puisse cultiver. Rien n'est plus gracieux que la large tache jaune occupant le milieu des feuilles orbiculaires à teinte glauque et à bords rosés. Les rameaux arrondis et retombants, les jolis panicules de fleurs roses de cette plante la rendent charmante.

(10) Le *Sciadapytis verticillata*, curieuse variété des conifères, originaire du Japon, demande fort peu de soins, et peut supporter une température assez basse.

Dacrydium cupressimum.

(2) Le **Dacrydium cupressimum**, conifère de la Nou-

velle-Zélande où il atteint une très-grande hauteur ; il peut vivre en caisse et orner une serre assez vaste, ses ramures longuement pendantes lui donnent un aspect des plus gracieux.

(7) Le *Rubus australis*, très-curieuse liane dont la tige grêle, presque filiforme, ne porte que de très-courtes épines très-rapprochées et pas de feuilles. En lui fournissant le moindre support, la plante s'enroule sur elle-même : on dirait un écheveau de fil entortillé de mille manières.

Les *Primevères* sont aussi de fort jolies plantes d'appartement ; la culture en est facile, de la terre ordinaire, mais bien divisée et fraîche, il n'en faut pas davantage pour obtenir de jolies Primevères. On les obtient de semis en confiant leurs graines aussitôt mûres à un terrain frais, léger et à l'abri du soleil, on repique les jeunes plantes en pépinière et on les met en pot à l'automne.

Parmi les plus jolies, je vous recommande la Primevère oreille d'ours dont il existe plusieurs variétés, toutes remarquables ; elles ne craignent pas le froid, mais une grande humidité les tue rapidement. Les pots dans lesquels on les cultive ne doivent pas avoir plus de 15 centimètres de profondeur et le fond doit en être bien drainé ; arrosez-les rarement et chauffez-les peu.

La Primevère de Palinuri et la Primevère Marginée aiment la température douce des appartements ; mais au-dessus de toutes celles que nous venons de passer en revue, il faut placer la Primevère de Chine. Sa culture exige quelques précautions que je vais vous faire connaitre. La Primevère de Chine est vivace lorsqu'on a soin d'en couper les tiges à mesure que les fleurs sont flétries, il est vrai qu'elles perdent de leur éclat à mesure qu'elles avancent en âge. Vous pouvez les multiplier par le bouturage; mais si vous préférez les semer, vous choisirez pour cette opération le mois de juillet, vous placerez les graines dans un pot rempli de terre de bruyère, muni d'une soucoupe pleine d'eau pour éviter les arrosages et aussitôt que les jeunes plantes auront quelques feuilles, repiquez-les chacune dans un pot, plein d'un mélange de bon terreau et de terre de bruyère et vous arroserez avec ménagement. Les fleurs de la Primevère de Chine sont nombreuses; il existe plusieurs variétés dont les plus remarquables sont la Primevère Lucien-Simon, la variété à fleurs blanches et la variété à fleurs striées.

Les *Cyclamens* ont aussi leur place dans l'ornementation des salons; je vous indiquerai ici les variétés les plus précieuses. Vous avez d'abord le Cyclamen de Naples, aux jolies fleurs roses, qui se contente d'une terre légère mélangée avec égale quantité de terreau de feuilles; on l'obtient de semis dans l'appartement et aussitôt que les jeunes plantes ont perdu leurs feuilles, on les repique dans des pots bien drainés, car elles craignent plus une humidité excessive que le froid. Le plus ornemental de tous, est le Cyclamen de Perse qui donne des fleurs du mois de mars au mois de juin, et qui, malgré sa délicatesse, vous récompensera de vos soins si vous lui donnez une terre de bruyère bien drainée. Vous pouvez l'obtenir de semis, comme le précédent; ou l'obtenir aussi de fragments de tubercules en conservant un ou plusieurs yeux et en bouturant des feuilles. Les fragments de tubercules doivent être plongés dans de la terre de bruyère bien fraîche et bientôt ils se munissent de racines.

Le Cyclamen de Cilone et le Cyclamen d'Afrique sont aussi des variétés très-recommandables.

Je ne terminerai pas cette liste des jolies plantes sans signaler à votre admiration l'*Aucarylle Formosissima* ou Lys de Saint-Jacques ; ses fleurs sont d'un rouge cramoisi et velouté et s'épanouissent en juin et juillet. Donnez-lui une terre sablonneuse, légère, mais substantielle et une température moyenne, il n'en demande pas davantage. Si les oignons ont beaucoup de racines, mettez-les à l'automne sur une carafe pleine d'eau et vous aurez de belles fleurs.

Cultivez aussi les *Bruyères* dans votre appartement ; ces charmantes plantes réussissent très-bien dans une atmosphère tempérée, à la condition de leur donner de la lumière autant que faire se pourra. Vous choisirez pour vos bruyères une terre grossièrement concassée et composée de terre de bruyère et de gros sable siliceux et n'oubliez pas que les sols calcaires leur sont on ne peut plus funestes, c'est assez vous dire que l'eau de Paris ne doit pas être employée pour leur arrosage ; les pots eux-mêmes doivent être débarrassés de tout élément calcaire dans leur composition et drainés dans une grande épaisseur, soit avec du gros sable, soit avec des tessons de pots. Vous les changerez de pot tous les ans après leur floraison pour rompre le réseau de racines qu'elles forment rapidement et qui les étreint, arrosez-les avec de l'eau de pluie, mais sans excès et de manière à tenir la terre dans un bon état de fraîcheur. Quand vous leur trouvez des rameaux trop peu nombreux, pincez-les ou taillez-les selon les parties de la plante que vous voulez voir plus garnie. On multiplie les Fougères au moyen de boutures ; on choisit les branches les plus vigoureuses, on les coupe de la longueur de 4 centimètres au plus, que l'on plonge aux trois quarts dans de la terre de bruyère bien sablonneuse, on arrose avec de l'eau de pluie et on place les pots dans une atmosphère de température moyenne (15 à 20° centigrades) aussi près que possible d'une fenêtre bien éclairée. Les pots à boutures doivent être bien drainés. Au bout de quarante-cinq à cinquante jours, vous repiquerez vos boutures dans les pots où elles doivent rester. Quand vos bruyères seront atteintes de cette maladie désignée sous le nom de *blanc*, saupoudrez-les deux ou trois fois de fleur de soufre et la maladie disparaîtra.

Je ne puis vous indiquer ici toutes les variétés de Bruyères; cependant je vous recommanderai, parmi les Bruyères à fleurs en tube, la Bruyère à mamelles, la Bruyère de Masson, la Bruyère de Syndre, la Bruyère incarnat, la Bruyère ventrue, la Bruyère Neillii, la Bruyère de Cavendisch et la Bruyère éclatante.

D'autres Bruyères, dites à fleurs en grelots, vous offriront également de riches variétés, telles que les Bruyères à petits grelots, la Bruyère pourprée, la Bruyère à fleurs pointues, la Bruyère rouge et la Bruyère élégante.

Parmi les Bruyères à fleurs campanulées, vous choisirez la Bruyère en cloche, la Bruyère odorante et la Bruyère musquée.

Je vous recommande enfin la Bruyère du Cap au feuillage toujours vert et qui se couvre à l'hiver de charmantes petites fleurs blanches.

Les *Myrtes* supportent bien aussi la culture d'appartement et ne demandent pas d'autres soins que les Fougères; les plus belles variétés sont : le Myrte Fomenteux, le Myrte à feuilles tenues, le Myrte italien et le Myrte à fruits blancs.

Si je vous recommande ces plantes, c'est parce qu'elles s'accommodent très-bien de la faible quantité d'air qu'elles ont à respirer dans l'atmosphère confinée des appartements, et parce qu'elles revêtent un feuillage d'un beau vert qui réjouit la vue et fait ressortir avec avantage l'éclat des fleurs. Ayez aussi des Lycopodiums Apodums et Denticulatums ; si vous les tenez dans un état permanent d'humidité, vous les conserverez longtemps.

Je ne vous parlerai pas longuement du mode de chauffage auquel vous aurez recours pour votre appartement ; je me contenterai de vous dire que le chauffage par circulation d'eau chaude et par les calorifères sont les meilleurs pour vos plantes ; que vous devez tenir à ce que la température soit toujours à peu près constante ; que, dans tous les cas, il est important qu'elle ne soit jamais inférieure à 6 degrés centigrades au-dessus de zéro, ni supérieure à 20 degrés.

Le soir venu, fermez vos volets pour éviter autant que possible la déperdition de chaleur pendant la nuit, garnissez vos portes et vos fenêtres pour arrêter ces courants d'air qui enlèvent toute la chaleur des appartements et glacent les plantes. Fait-il par exception un temps relativement doux ? Ouvrez vos fenêtres et présentez vos fleurs aux rayons du soleil.

Indépendamment des vases à fleurs, on a recours pour l'horticulture en chambre aux caisses d'appartement, aux corbeilles et aux jardinières. Je ne parle pas ici des petites serres portatives dont je vous ai donné la description et décrit les avantages au paragraphe 1 du chapitre III.

Les caisses d'appartement telles qu'on les emploie actuellement sont, en général, longues et étroites, de manière à occuper peu de place ; sur un des côtés de la caisse est fixé un treillage sur lequel on fait grimper diverses plantes, telles que la Fleur de la

Passion, le Cissus Antartica, les Lierres, et pour peu que le treillage ait une forme artistique, cette disposition ne laisse pas que d'être des plus gracieuses ; les plus recherchées sont celles qui décrivent des arceaux, des portiques, et qui sont conçues d'après le style gothique ou le style grec. On peut encore remplacer les caisses longues par des vases d'un volume assez considérable et dans lesquels on cultive également des plantes grimpantes, telles que celles dont je viens de vous parler, ou du Lierre d'été, connu encore sous le nom de Delavréa Odorata. Ces plantes, grimpant sur des treillages en forme de sphère ou de dôme, ont une physionomie des plus gracieuses et sont un ornement du meilleur goût. On garnit également ces treillages avec des Capucines tricolores à cinq feuilles et on les remplace, lorsqu'elles sont défraîchies, par des Sponnées, par des Calysteyies, par des Maurandias et des Thumbergias.

Vous fabriquerez vous-même vos treillages en bois d'osier ou de noisetier pour palisser vos Œillets, vos Cactus flagelliformes et vos Clématites.

Dans les paragraphes suivants, je vous dirai quelles sont les autres plantes que vous pourrez cultiver avec succès dans votre appartement, le nombre en est considérable et le choix difficile à faire à cause des avantages qu'offrent tous ces végétaux.

§ 2. — Les Corbeilles et les Jardinières.

La mode est maintenant aux Jardinières d'appartement et aux Corbeilles, grâce à l'élégance que les treillageurs ont su donner à ces meubles en les ornant d'après le style et la richesse du salon auquel ils sont destinés. Les Jardinières les plus communes sont celles qui sont portées par un ou plusieurs sarments de vigne dont la disposition bizarre leur donne un cachet rustique, tandis que la caisse est elle-même ornée de branches d'osier ou de saule bizarrement contournées et de cônes de sapin. D'autres sont disposées en forme de corbeilles soutenues également par des pieds rustiques, d'autres enfin sont en fer galvanisé ou en zinc artistement travaillé, ce sont les plus gracieuses. Quel que soit le genre auquel vous aurez donné la préférence, la Jardinière n'en

Jardinière.

est pas moins un meuble exquis dans lequel vous pourrez, si vous en avez la patience, installer un jardin en miniature, dans lequel aussi vous pourrez, à la rigueur, semer, voir fleurir et rapporter des graines aux plantes qui auront été l'objet de vos soins, vous pourrez également y réussir des boutures, y greffer même, si vous en avez le désir.

Comme dans tous les autres modes de culture d'appartement, le jardinage en serre exige quelques soins; la terre doit être légère, composée par parties égales de terreau pur, de terre de bruyère et de bonne terre de jardin potager ; c'est le mélange qui convient au plus grand nombre des plantes que vous aurez à cultiver ; les arrosages doivent être assez fréquents pour entretenir la terre dans un état d'humidité modérée ; vous pourrez même, pour éviter la sécheresse, recouvrir le sol de votre Jardinière avec de la mousse qui entretiendra une fraîcheur constante. De temps à autre, vous nettoierez les feuilles et la tige pour en enlever la poussière, et autant que possible, lorsque vous mettrez une fleur dans la Jardinière, vous la laisserez avec le pot qui la contient ; c'est le plus sûr moyen de la voir prospérer. Si votre salon est suffisamment grand pour admettre un nombre considérable de Jardinières, l'entretien, au lieu d'être une distraction, vous deviendrait pénible ; vos soins n'y suffiraient pas ; aussi, dans ce cas, il sera préférable pour vous de vous adresser à un horticulteur qui, moyennant une rétribution mensuelle, relativement peu considérable, s'engagera à entretenir votre Jardinière dans un bon état et fournira les fleurs, enlevant celles qui se fanent pour les remplacer par d'autres, et ne vous laissant d'autre souci que celui de les arroser et d'autre soin que celui de les admirer. Mais vous n'éprouverez pas alors une satisfaction aussi complète que si ces fleurs étaient le résultat de vos bons soins, et je vous engage à n'y recourir que si vous y êtes obligée.

Si votre appartement ne peut admettre qu'une Jardinière, choisissez-la aussi grande que possible et faites fixer sur l'un de ses côtés un treillage qui vous servira à faire croître des plantes grimpantes dont l'effet sera d'autant plus saisissant que vous en aurez planté de différentes espèces.

Vous savez combien les plantes du genre *Bégonia* vous offrent des ressources nombreuses au point de vue du feuillage, des fleurs et de la durée, vous aurez donc tout avantage à donner la préférence à ces charmants végétaux dont les nuances varient à l'infini. Je vous recommande tout particulièrement celle de ces fleurs dont les pétales d'un jaune doré à la face supérieure présentent au-dessous une belle coloration rouge, sans préjudice de la beauté du feuillage aux reflets veloutés et à la teinte variable entre le vert pâle et le vert foncé. Les Bégonias, je vous le fais remarquer en passant, aiment la chaleur; tenez compte de cette condition. Auprès de votre Bégonia, placez le plus beau *Camélia* que vous aurez pu trouver; lui aussi aime une chaleur tempérée et il importe de ne l'admettre dans la Jardinière que lorsque ses boutons seront bien formés. Quand vous les verrez sur le point de s'épanouir, arrosez-le un peu plus fréquemment et maintenez-le à la température de 15° environ.

Lorsque le Camélia aura perdu ses fleurs, vous remarquerez que ses branches se couvrent d'un certain nombre de jeunes pousses peu vigoureuses; à ce moment il est urgent de prendre une précaution. Retirez votre arbuste de la Jardinière avec le pot qui le contient et mettez-le à l'air tous les soirs pendant quelques instants, si, toutefois, la température le permet. Lorsque les pousses auront acquis un degré de vigueur suffisant, vous replacerez le Camélia dans la Jardinière et l'atmosphère de l'appartement lui suffira.

Quand un Camélia est chargé d'un nombre trop considérable de boutons, ce luxe de la nature ne doit pas vous réjouir outre mesure, il doit au contraire attirer votre attention, car si vous n'y mettez ordre, ils ne s'épanouiront pas ou fleuriront misérablement. Armez-vous alors de courage et d'un canif bien tranchant et passant en revue tous les boutons coupez dans la moitié de leur hauteur tous ceux qui vous paraîtront superflus, évitez d'imprimer des secousses à l'arbuste sous peine de faire tomber tous les boutons. L'opération ainsi pratiquée, la moitié du bouton laissée sur la tige, flétrie, desséchée, tombe bientôt et tous les autres s'épanouissent alors. Je vous rappelle ici que le Camélia, en raison de la largeur de ses feuilles, se couvre assez facilement de poussière et qu'il importe de le nettoyer avec une éponge imbibée d'eau au moins deux fois par semaine, à moins qu'une pluie fine et tiède à laquelle vous vous hâterez de l'exposer ne vienne vous dispenser de cette ennuyeuse besogne. Ne choisissez pas pour votre Jardinière un Camélia d'une trop grande hauteur, parmi les six cents espèces d'arbustes de ce genre, je vous engage à donner la préférence au Camélia rose connu sous le nom de Camélia marquise d'Exeter.

La *Fleur de la Passion,* dont je vous ai déjà parlé, est commune et par conséquent facile à se procurer, vous vous en servirez pour orner votre treillage, elle remplira son rôle rapidement, je vous assure, quelle que soit l'étendue de ce treillage, et vous donnera plus de fleurs que vous ne sauriez vous le figurer. Garnissez la partie inférieure du treillage avec deux ou trois pieds de *Thumbergia,* ces plantes qui se cramponnent rapidement aux appuis qui leur sont offerts donnent des fleurs jaunes au fond desquelles se détache gracieusement un point noir du meilleur effet.

L'*Œillet des bois* contribuera pour une bonne part à garnir votre Jardinière, il fleurit surtout par le sommet et il est tellement commun qu'il y aurait négligence à ne pas s'en procurer.

Comme l'Œillet des bois, la *Mandevillea* donne des fleurs à sa partie supérieure et le prix relativement peu élevé qu'elle coûte m'engage à vous la recommander bien qu'elle soit peu commune.

Je ne puis négliger un procédé des plus intéressants et qui a pour but de convertir une plante herbacée, le *Réséda*, que vous connaissez et que vous estimez à bon droit, en un arbuste que vous pourrez garder pendant quatorze ou seize ans sans qu'il cesse de vous prodiguer ses fleurs embaumées. C'est de la Hollande et de la Belgique que nous est venu ce mode de culture du Réséda et voici de qu'elle manière on arrive à ce résultat.

Remplissez un pot de moyenne grandeur avec un mélange à parties égales de terreau pur et de bonne terre de potager, veillez à ce que le tout soit parfaitement divisé, plantez dans cette terre un pied de Réséda bien vigoureux, né de semis en pleine terre et présentant huit tiges secondaires terminées toutes par des fleurs prêtes à s'épanouir. Arrosez suivant les procédés indiqués au commencement de cet ouvrage, observez votre plante chaque jour. Lorsque des jeunes pousses commenceront à apparaître, cela vous indiquera que votre Réséda est parfaitement repris et alors coupez toutes les branches excepté l'une d'elles, celle qui semblera se continuer avec la tige principale, attachez-la à un petit tuteur enfoncé dans le pot et laissez-la fleurir. Quand ses fleurs seront complétement épanouies, ne les laissez pas donner leur graine, coupez la branche au-dessous de la dernière fleur. Bientôt, à l'aisselle de toutes les feuilles, vous verrez apparaître une pousse à laquelle vous laisserez prendre une longueur de 3 centimètres; quand elles en seront arrivées à ce point, supprimez-les avec les feuilles qui sont auprès d'elles, à l'exception des quatre qui seront le plus près de la coupe. Soumettez la plante à une température modérée et à deux arrosages par jour, et les quatre pousses que vous aurez laissées vont bientôt se disposer à fleurir; ne les laissez pas aller jusqu'à ce point, coupez-les au-dessous du dernier bouton et agissez à leur égard comme vous l'avez fait pour la tige principale, et bientôt elles vous donneront des pousses que vous laisserez se développer complétement, en ayant soin de retrancher toute autre pousse qui se montrera là où étaient naguère les feuilles primitives.

Deux mois au plus suffiront pour donner à votre Réséda la consistance et l'apparence d'un arbuste, et, en ne laissant jamais les fleurs donner de graines, votre arbrisseau sera en fleurs pendant toute l'année si vous ne le laissez pas souffrir du froid. Vous aurez, en vous conformant à ces préceptes, une charmante plante de Jardinière que vous aurez soin d'exposer sur votre fenêtre quand le temps le permettra.

Plantez également dans votre Jardinière un *Piméléa decussata* à fleurs roses et un *Piméléa spectabilis* à fleurs blanches; l'atmosphère des appartements convient très-bien à ces plantes.

C'est principalement dans la Jardinière que l'on a coutume de cultiver les *Bruyères* en général et la Bruyère du Cap en particulier, dont toutes les variétés sont vraiment admirables. Donnez vos préférences à la Bruyère abrétique, appelée aussi Érica Abrética, et à l'Érica Alba. Je dois vous dire que les Bruyères, et surtout celles que je viens de vous indiquer, sont extrêmement sensibles au froid et que

5.

vous aurez à vous féliciter d'entretenir une douce chaleur dans votre appartement, car sans cela elles ne vous donneraient que des fleurs misérables ; les variations brusques de température sont également nuisibles à ces plantes. Donnez-leur une bonne terre de bruyère bien divisée et bien neuve, arrosez-les sans excès, car l'excès d'eau les tue, tandis qu'elles supportent assez bien un peu de sécheresse, et aussitôt après la floraison, rempotez-les dans des vases proportionnés à leur taille et à leur vigueur ; profitez de ce moment pour renouveler la terre qui peut être épuisée, du moins en partie, et vous éviterez de les perdre, comme cela arrive si souvent après la floraison.

La *Sensitive* s'accommoderait assez difficilement de la température de votre appartement ; aussi dois-je vous engager à la laisser de côté pour mettre à sa place dans votre Jardinière une plante qui n'est pas sans analogie avec elle : je veux parler de la Sparmania, plante originaire du Cap de Bonne-Espérance, dont les étamines, lorsque l'on vient à y toucher légèrement, s'écartent subitement comme pour se dérober à votre contact et ne reprennent leur position première qu'au bout de quelques instants. Cette intéressante plante, dont vous pouvez admirer un spécimen parvenu à un grand développement au Jardin des Plantes de Paris, n'exige pas une température élevée, et le séjour dans la Jardinière d'appartement lui convient parfaitement. Elle fournit des fleurs pendant des mois entiers, et pour peu que vous la rempotiez chaque année en changeant la terre, vous serez obligée de la placer dans une grande caisse où elle pourra se développer plus à l'aise. La Sparmania du Jardin des Plantes de Paris n'a pas moins de trente-cinq ans, et sa hauteur est de six mètres environ.

Après vous avoir indiqué la manière d'obtenir le Réséda en arbuste, il ne vous sera certainement pas désagréable de savoir que, par un procédé analogue, on peut obtenir aussi des *Violettes arborescentes.* C'est à la Violette double que vous appliquerez le procédé ; vous savez que cette plante émet chaque année des tiges à peu près semblables aux traînasses du Fraisier ; or, ce sera l'une de ces tiges rampantes qui deviendra la Violette double transformée en arbuste.

Plantez un pied de Violette bien vigoureux dans votre Jardinière ; qu'il soit à proximité de votre treillage ; aussitôt que les tiges rampantes se sont développées, appliquez-les contre le treillage sur lequel vous les fixerez ; de cette manière elles ne pourront s'enraciner comme elles le feraient si elles se trouvaient au contact du sol. Les touffes qui terminent ces tiges se couvriront de fleurs l'année suivante et émettront à leur tour de nouvelles branches que vous attacherez de la même manière ; puis, pour faciliter leur développement, vous couperez toutes les autres parties de la Violette, de telle sorte qu'il ne restera que les tiges en palissade et leur racine ; au bout d'un temps plus ou moins long, ces tiges prendront la consistance du bois, et vous aurez le plus grand plaisir à faire admirer à vos amis un tel arbrisseau, chargé de belles Violettes doubles, ce qui n'est pas commun, je vous l'assure. La Violette arborescente dure pendant très-longtemps ; on en a vu dont le diamètre égalait celui d'une grosse tige de Camélia.

Je vous ai indiqué les plantes les plus belles que vous puissiez donner comme ornement à votre Jardinière ; pour ne vous laisser rien à désirer, je vais vous indiquer quelles sont les autres fleurs qui conviendront à votre jardinière en vous désignant en même temps la saison pendant laquelle vous pouvez vous en servir.

PENDANT L'AUTOMNE :

Aster, Bruyères, Camélias, Cinéraires, Daphné, Fucshias, Gardenias, Héliotropes, Jasmins, Jacinthes, Laurier-Thym, Chrysanthèmes, Primevères de Chine, Pensées, Rosiers, Sensitives, Thlaspi et Verveines.

PENDANT L'HIVER :

Azalées, Bruyères, Camélias, Cinéraires, Chrysanthèmes, Crocus, Daphné, Héliotropes d'hiver, Hépatiques de couleurs diverses, Jacinthes, Jasmins, Laurier-Thym, Lilas, Primevères de Chine, Pensées, Rhododendrons, Rosiers, Sensitives, Tulipes, Violettes des quatre saisons et autres variétés.

PENDANT LE PRINTEMPS :

Azalées, Bruyères, Camélias, Cinéraires, Crocus, Daphné, Fucshias, Gardenias, Géraniums, Hortensias, Héliotropes, Jacinthes, Jasmins, Kalmias, Lilas, Pensées, Pivoines, Piméléas, Primevères de Chine, Rhododendrons, Rosiers, Violettes.

PENDANT L'ÉTÉ :

Achimènes, Calcéolaires, Cinéraires, Convolvulus, Fucshias, Gardenias, Géraniums, Héliotropes, Hortensias, Jasmins, Piméléas, Pervenches, Rhododendrons, Rosiers, Verveines et Volubilis.

§ 3. — **Culture des Plantes grasses, des Fougères et des Orchidées.**

Les plantes grasses demandent deux arrosages par semaine, mais seulement à l'époque de leur végétation et quand elles sont sur le point de fleurir. On doit les arroser aussi quelquefois pendant l'été, mais beaucoup plus rarement ; enfin, pendant l'hiver, on ne doit leur donner que quelques gouttes et seulement quand la sécheresse est assez considérable pour qu'elles commencent à se flétrir ; lorsqu'on néglige ces précautions, on s'expose à les voir mourir. Il n'est pas nécessaire de les rempoter souvent, et elles n'exigent qu'une très-petite quantité de terre de potager mélangée à un peu de terre de bruyère.

Cette particularité qu'offrent les plantes grasses de prospérer dans un espace restreint est due à la propriété dont elles jouissent de puiser dans l'air presque tous les matériaux qui leur sont nécessaires ; les racines leur sont de peu d'utilité et elles semblent d'autant moins vigoureuses qu'on leur donne une trop grande étendue de terrain. Ainsi donc, vous réserverez vos grands vases pour d'autres plantes, et aux plantes grasses vous donnerez des pots en miniature. Vous vous attacherez à la culture de ces charmantes fleurs aux feuilles charnues, aux formes bizarres, toujours vertes, d'une vigueur incroyable et qui n'exigent relativement que peu de soins. On peut dire que les plantes grasses sont véritablement les plantes d'appartement.

Ces végétaux ont encore l'avantage de pouvoir se multiplier au moyen de boutures ; l'opération, il est vrai, ne réussit pas toujours ; mais cependant, quand elle est bien conduite, on obtient encore assez souvent des succès. Pour bouturer une de ces plantes, on détache une partie quelconque, feuille ou autre, et on l'enfonce dans la terre après l'avoir laissée dans un lieu sec pendant deux ou trois jours ; je n'insisterai pas davantage sur ce mode de reproduction dont je vous ai déjà parlé au paragraphe 5, chapitre III.

Parmi les principales plantes grasses, je vous citerai particulièrement les *Sedum*. Le Sedum pulchellum donne des fleurs rose-tendre, mais on doit lui préférer le Sedum sieboldi dont les fleurs également roses, mais un peu plus foncées, durent pendant tout l'été. Le Sedum à fleurs jaunes, que l'on trouve en grande quantité dans le département de la Seine, convient d'autant mieux aux appartements qu'il n'exige ni terre, ni eau. Suspendu en l'air, il donne des fleurs et se contente des éléments de nutrition que l'air lui fournit.

Le *Cactus opuntia*, connu vulgairement sous le nom de Semelle du pape, figuier de l'Inde, est composé de parties ovales articulées les unes aux autres, plates et chargées d'épines; ses fleurs sont jaunes et ses fruits se mangent.

L'*Échinocactus* est une plante grasse sphérique dont les angles peu accentués, au nombre de quinze environ, sont munis d'épines courtes et raides; ses fleurs sont blanches et exhalent le parfum de la fleur d'oranger.

La *Crassule* écarlate a des tiges cylindriques; ses fleurs, qui apparaissent pendant les mois de juillet et d'août, sont en forme de tubes et d'une belle couleur rouge écarlate. La *Crassule lucida* a des tiges tellement nombreuses que leur ensemble forme une touffe de verdure sur laquelle se détachent agréablement les fleurs qui sont blanches et qui apparaissent également en juillet et août.

Le *Mezembriculthème delthoïde*, la *Ficoïde dorée* la *Ficoïde remarquable*, sont toutes plantes grasses de même espèce dont je vous recommande la culture. La Ficoïde remarquable fleurit d'avril à septembre;

ses tiges sont rampantes et ses fleurs sont blanches. La Ficoïde deltoïde, qui étale ses fleurs roses et odorantes de juin au mois d'août, a les feuilles épaisses, triangulaires et blanchâtres.

Les fleurs de la Ficoïde dorée sont jaunes ; elles sont nombreuses depuis le mois de mai jusqu'au mois d'août; les tiges et les feuilles de cette plante sont droites et cylindriques.

Une autre Ficoïde très-vigoureuse est la Ficoïde glaciale dont les feuilles semblent toujours couvertes de givre à cause des petites vésicules pleines d'un liquide transparent dont elles sont recouvertes. Cultivés en pleine terre, les Ficoïdes donnent un plus grand nombre de fleurs.

Parmi les plantes grasses, la plus singulière est la *Stapelia variegata*, dont les fleurs sont charnues, épaisses, de couleur vineuse, hérissées de piquants, et dont la forme est assez semblable à celle d'une étoile de mer. Les fleurs de la Stapélia variegata ne constituent pas à elles seules son originalité; cette plante a l'inconvénient d'exhaler une odeur de viande corrompue assez caractérisée pour attirer les mouches à viande qui viennent y déposer leurs larves, ce qui semblerait indiquer que ces insectes sont pourvus du sens de l'odorat. Cette odeur ne doit pas vous empêcher de cultiver la Stapélia, si vous n'en avez qu'un pied ou deux ; cela ne suffira pas pour qu'on puisse constater qu'il y a une mauvaise odeur dans l'appartement.

Rien n'est plus charmant que la culture des *Fougères,* et cependant elle n'est pas adoptée en France, où on rencontre rarement des amateurs au courant des procédés si usités en Angleterre et qui donnent de si beaux résultats.

On prend un plateau métallique, soit en tôle, soit

en zinc, de forme circulaire ; on le recouvre de fragments de roche concassés et disposés sans ordre ; c'est dans ce lit que seront dissimulées vos racines de fougères. Le pourtour est composé de coquillages, de pierres de diverses nuances et de débris de corail que vous agglomérez entre eux avec un peu de plâtre cuit, et, si vous avez du goût, vous réussirez un assemblage des plus pittoresques. Au milieu, vous devez laisser de place en place des espaces vides que vous remplirez avec des feuilles à moitié pourries, avec de la tourbe ou avec un mélange de terre et d'herbe coupée en morceaux. Vous plantez vos Fougères dans ce compost, et vous le dissimulez sous un tapis de mousse. Arrosez abondamment, et recouvrez le tout au moyen d'une cloche en verre comme celles que l'on emploie dans la culture des melons ; cependant, comme il est nécessaire que ces cloches soient parfaitement transparentes et par conséquent que le verre qui sert à les fabriquer soit de qualité supérieure, le prix en est fort élevé, et bien des personnes qui aiment la culture des Fougères reculent devant un sacrifice relativement considérable ; aussi dans ce cas doit-on laisser de côté ces cloches et les remplacer par des châssis en verre comme ceux que les amateurs savent se construire en Angleterre.

Ces châssis sont formés de quatre plaques de verre destinées à former les parois ; ils doivent par conséquent être égaux en dimensions, de façon que le châssis soit carré. Une autre plaque de verre formera le fond du châssis. Une petite charpente en bois, dont les montants sont aussi minces que possible, sert à retenir ensemble les plaques de verre que l'on retient au moyen de petits clous et de mastic de la même manière que pour les verres à vitre.

Cette petite boîte demande peu de travail et peu de dépense, et produit un excellent effet lorsque les Fougères ont été plantées et arrosées comme je l'ai dit plus haut ; on recouvre la plaque métallique sur laquelle elles sont posées avec la caisse dont je viens d'indiquer la construction. L'air qui pénètre entre les rebords de cette caisse et le plancher métallique est suffisant pour les plantes et ne permet pas une évaporation considérable ; faites donc ce que je viens de vous indiquer, et, au bout d'un temps assez court, vos rochers artificiels prendront une couleur verdâtre, vos Fougères les recouvriront d'un feuillage épais et charmant, et votre caisse à Fougères sera l'un des ornements les plus gais de votre appartement.

Les soins exigés par cette culture sont d'ailleurs peu nombreux : arrosez de temps à autre pour entretenir l'humidité et renouveler l'air, exposez votre caisse au soleil quand il n'est pas trop chaud, voilà tout ; vous le voyez, les Fougères ne sont pas exigeantes et rendent plus qu'on ne leur prête.

On peut aussi cultiver les Fougères de serre dans un compost formé de terre de bruyère tourbeuse et grossière que l'on place dans un pot moins profond qu'ils ne le sont en général. On obtient les Fougères de semis dans de la terre tourbeuse grossièrement concassée et placée dans un pot à soucoupe pleine d'eau, de manière à n'être pas obligé d'arroser ; la chaleur de la serre est nécessaire à l'éclosion des jeunes plantes que l'on repique quand elles ont deux feuilles.

Pour la culture des Fougères de serre, je vous recommande plus particulièrement le Polypodium aureum, dont le feuillage élégant, d'une jolie couleur, atteint une hauteur de 70 centimètres. Le Polypodium areolatum convient bien également à l'ornementation des appartements.

Les Gymnogramma s'accommodent très-bien pendant l'hiver de la température des appartements et se recommandent par l'élégance de leur feuillage aux riches couleurs.

Le Pteris rotundifolia, le Pteris longifolia, le Pteris umbrosa, le Pteris arguta et le Pteris argyrea, cultivés comme je vous l'ai dit plus haut, vous donneront d'excellentes plantes d'ornementation. Vous cultiverez de même l'Adiantum, une des Fougères les plus employées pour l'ornementation et qui convient très-bien sur les vieux murs. Parmi les variétés d'Adiantum, vous donnerez la préférence à l'Adiantum reniforme, à l'Adiantum formosum, à l'Adiantum hispidulum et à l'Adiantum assamile, toutes Fougères très-rustiques.

L'Ouychium, qui se cultive comme l'Adiantum, est aussi très-rustique et convient bien à l'ornementation à cause de son feuillage élégant ; je vous recommande tout particulièrement l'Ouychium japonicum.

Une autre espèce de Fougères, les Blechnums, vous fournira aussi de jolis sujets parmi lesquels vous choisirez le Blechnum brasilicuse et le Blechnum hastatum.

Les Doodia lunulata et aspera sont très-rustiques ; j'en dirai autant des Lomaria discolart, splendens et alpina.

Parmi les Doradilles ou Asplenium, vous choisirez le Doradille ébène, le Doradille bullifère et le Doradille fourchu.

Dans les Polystichum, les moins délicats sont le Polystichum à feuilles d'acrostiche et le Polystichum prolifère.

Le Trichomane reniforme est peu délicat; il en est de même du Cibotium barometz, du Gleichenia flabellata, du Gleichenia dicarpa et du Todeaa pellucida.

Enfin, si vous disposez d'une caisse de grande étendue, vous pourrez tenter la culture des Fougères de pleine terre. Votre caisse sera remplie d'une terre légère composée de bon terreau de feuilles et de terre de bruyère tourbeuse et peu meuble, que vous entretiendrez dans un état de fraîcheur constant. Parmi les Fougères de pleine terre, celles qui se prêtent le mieux à l'ornementation des appartements sont les suivantes :

Le Ceterach officinal; le Struthiopteris d'Allemagne, dont la tige ne dépasse pas 30 centimètres de longueur.

Le Notochlæna marantæ, qui a des feuilles velues sur les deux faces; le Cheveu de Vénus ou Capillaire de Montpellier; le Steris de Crète et le Pteris dentelé; l'Onoclée sensible, la Lomaria à épis, la Scolopendre officinale et ses variétés.

Je vous citerai encore l'Asplenium adiantum nigrum, l'Asplenium viride, la Lastrée cristata, le Cystopteris flugilis et l'Osmunda regalis.

Je vous ai déjà dit quelques mots au sujet des *Orchidées;* mais l'importance de ces plantes, dont la culture est mal connue, me fait un devoir de vous en parler longuement. Beaucoup d'amateurs ont voulu les cultiver et n'ont eu que des insuccès; cela tenait à leur ignorance; il s'agit ici de réhabiliter ces plantes et d'indiquer les moyens propres à obtenir une végétation aussi irréprochable que possible.

L'*Orchis mâle* est le type de la famille des Orchidées; c'est une plante aux feuilles tachées de noir qui se trouve dans les prairies des régions tempérées.

En Chine, dans les Indes, dans la Perse, au Mexique surtout, les Orchidées sont fort communes et présentent de très-nombreuses variétés. Le Salep de Perse, qui naguère encore était employé comme une panacée universelle, n'est autre chose que la racine tuberculeuse de l'Orchis mâle desséchée et réduite en farine ; la réputation du Salep de Perse était bien au-dessus de ses propriétés, je n'ai pas besoin de vous le dire.

Les peuples les moins civilisés de l'ancien continent avaient depuis longtemps été frappés par l'éclat des fleurs des Orchidées ; aussi en ornaient-ils leurs cabanes et les fleurs des Cattleyas et autres variétés embaumaient les habitants de cet heureux pays pendant la plus grande partie de l'année.

La difficulté que l'on éprouve à faire croître avec succès les Orchidées n'est pas seulement la cause de leur prix élevé ; il faut surtout chercher l'explication de ce fait dans la difficulté que l'on éprouve pour les multiplier ; on ne peut les obtenir au moyen de boutures, et quand elles arrivent à donner des graines dans nos serres, ce qui est assez rare, ces graines sont presque toujours perdues, parce qu'elles sont tellement fines que le plus léger coup de vent les enlève et les transporte au loin. Ce n'est donc qu'au moyen des tubercules charnus qui sont à la base de la plante que l'on peut obtenir de nouveaux sujets ; c'est après la floraison que ces tubercules apparaissent autour de la plante mère, comme les oignons autour des Tulipes.

La plupart des Orchidées laissent croître leurs tiges à fleurs du haut en bas, soit que leurs tubercules implantés dans l'écorce d'un arbre y puisent leur nourriture, soit qu'ils croissent sur des rochers, de telle sorte que leurs fleurs retombent, se balancent au gré des vents. Parmi ces Orchidées, nous citerons particulièrement les Vanilles et toutes celles qui appartiennent aux genres Maxilliara, Denobrobrium, Épidendron et Ærides.

D'autres Orchidées que l'on a désigné par le nom d'Orchidées terrestres, se conduisent comme les autres plantes, c'est-à-dire que leurs tubercules sont implantés dans la terre et que leurs tiges, munies de fleurs terminales, sont droites et perpendiculaires. Les Cattleyas, les Lælias sont les plus belles parmi ces dernières; cependant les Miltonia sont plus brillantes aux yeux d'un certain nombre d'amateurs.

On n'a commencé à bien comprendre la culture des Orchidées que lorsqu'on est venu à étudier les conditions dans lesquelles elles croissent dans les pays d'où elles sont originaires, conditions de climat et d'assolement. Des expériences ont été faites, et c'est d'après les résultats qu'on en a obtenu qu'on est arrivé à poser certaines règles de culture pour ces plantes. Ainsi, on a vu que certaines Orchidées fixées sur de l'écorce de bois et entourées de mousse humide, placées dans une serre chaude, émettent des racines qui pénètrent dans cette écorce et y puisent les sucs qui leur sont nécessaires pour leur accroissement. On ne doit les arroser que lorsqu'elles paraissent entrer en pleine végétation, puisque, dans leur pays natal, elles sont exposées à des vicissitudes régulières d'humidité et de sécheresse. Ainsi donc, quand des Orchidées placées dans une serre chaude commencent à présenter des phénomènes de végétation, il faut les mouiller souvent et asperger l'intérieur de la serre, de telle sorte qu'elle soit constamment saturée par l'humidité. Sous l'influence de ces précautions, les tiges se développent et fleuriront bientôt, et vous serez émerveillée de la durée de cette floraison. Il existe un moyen de prolonger de quelques jours encore la durée de cette floraison, moyen que l'on peut employer non-seulement pour les Orchidées, mais aussi pour les Rhododendrons et les Azalées et sur un grand nombre d'autres fleurs d'ornement.

La fleur, vous le savez, a pour but la fécondation et la corolle, c'est-à-dire les parties éclatantes qui font votre admiration et dont le parfum vous charme, abrite les organes de la reproduction. En général, aussitôt que l'acte de la fécondation est accompli, la corolle tombe, et, comme vous le dites, la plante défleurit ; or, chez les Orchidées, la fécondation est lente à se faire, et voilà pourquoi la floraison, c'est-à-dire la persistance de la corolle dure beaucoup plus longtemps. Voulez-vous prolonger encore cette durée, supprimez les organes de la reproduction, la fécondation ne pouvant avoir lieu, la fleur ne tombera que lorsque la sève viendra à lui faire défaut, vous pouvez étudier cette particularité sur les Rhododendrons et sur les Azalées, comme je viens de vous le dire.

Quant aux Orchidées qui, comme les autres plantes, croissent en pleine terre, je vous engage à les planter dans les vases aériens ; la terre qui leur convient le mieux est un mélange de terre de bruyère et de débris de mousses. Suspendez ces vases dans une serre chauffée constamment à une température aussi élevée que possible sans cependant dépasser 40° centigrades, entretenez une humidité considérable jusqu'à la floraison.

Les Orchidées du genre Aéride n'exigent pas tant de précautions ; tenez-les suspendues par un fil de plomb dans l'atmosphère chaude et humide de votre serre et sans le secours de la terre, elles fourniront des racines adventives dont les renflements s'empareront de l'air et de l'humidité pour les assimiler à leur propre substance.

La température élevée nécessaire pour obtenir de beaux résultats dans la culture des Orchidées empêche de les admettre dans les serres ordinaires ; c'est pour cela que je vous engage à les planter dans votre serre d'appartement qu'il vous est si facile de maintenir à la température et au degré d'humidité nécessaires pour réussir la floraison de ces charmantes plantes.

Dans les régions tropicales où les Orchidées croissent à l'état sauvage, on ne les rencontre jamais que dans les endroits où elles trouvent un ombrage pour se mettre à l'abri contre les rayons du soleil ; cela doit vous rappeler que lorsque vous avez eu le bonheur de voir fleurir quelques-unes de ces charmantes plantes dans votre serre d'appartement, vous ne devez pas vous exposer à les voir mourir en les plaçant au soleil.

Parmi les Orchidées, la plus commune, il est vrai, mais aussi la plus facile à cultiver, est le Cattleya du docteur Hooker dont les fleurs atteignent quelquefois une largeur de 25 centimètres ; cette délicieuse fleur, plantée dans un vase ordinaire au milieu d'une bonne terre de bruyère, demande moins de chaleur et d'humidité que n'importe quelle autre plante de la même famille. Le Cattleya du docteur Hooker est connu également par les horticulteurs sous le nom de Cattleya Mossiæ.

Après le Cattleya Mossiæ, je vous recommande le Sabot de Vénus, sorte d'Orchidée, originaire aussi des pays tropicaux, dont les feuilles sont lisses, épaisses et comme charnues, et dont la tige, qui atteint en moyenne 40 centimètres de hauteur, se termine par deux ou trois fleurs. M. Lawrence, qui a mesuré les dimensions des pétales de ces fleurs, a constaté que non-seulement elles pouvaient atteindre plus de soixante centimètres de longueur, mais aussi que leur accroissement se faisait avec une rapidité incroyable. Des pétales épanouies depuis cinq jours s'allongent de quatorze centimètres en vingt-quatre heures. Voilà une particularité bien digne d'attirer votre attention et d'exalter votre curiosité. Le Sabot de Vénus est une plante qui se contente de la température de l'appartement; plantez-le dans un mélange de terre de bruyère et de débris de mousse, chauffez-le tous les jours dans votre serre d'appartement, entretenez-le dans un état suffisant d'humidité, et vous aurez le plaisir de voir une fleur que peu de personnes savent cultiver.

§ 4. — L'Étagère, la Cheminée et les Graminées.

Il n'est pas de meuble plus gracieux dans un salon qu'une Étagère à fleurs ornée avec goût et chargée de ces délicieuses petites plantes en miniature qui flattent si agréablement la vue sans exiger beaucoup de place ni de soins. La mode était autrefois aux étagères chargées de bibelots artistiques; maintenant les objets d'art ont fait place aux merveilles de l'horticulture. Parmi les plantes les plus aptes à orner une Étagère, il en est peu qui soient aussi avantageuses que les plantes grasses naines dont je vous ai déjà parlé. Prenez ces petits pots en terre vernie dont la couleur rouge forme un heureux contraste avec le vert des végétaux; plantez dans le peu de terre qu'ils contiennent des Cactus Opuntias, des Echinocactus, des Cactus Mamillaires, des Aloës, des Ficoïdes, des Euphorbes, des Crassules, des Stapelias, des Sempervivums et les nombreuses variétés de Sedums ; toutes ces plantes semblent avoir été créées pour l'ornementation des étagères.

L'Aloès corne-de-bélier vous donnera des fleurs en tube d'un rouge éclatant ; les fleurs de l'Aloès langue-de-chat, rouges à la base et vertes au sommet, sont d'un effet charmant. L'Aloès perroquet, qui convient également aux Étagères en raison de sa tige, qui est très-basse, donne des fleurs rouges disposées

Étagère.

en grappe ; il en est de même de l'Aloès perlé que l'on recherche aussi à cause de ses feuilles couvertes de verrues que l'on a comparées à des perles.

Je ne vous parlerai pas ici des Cactus dont je vous ai donné ailleurs la description et qui à eux seuls suffisent pour garnir une Étagère ; les Ficoïdes sont aussi fréquemment employées pour la garniture de l'Étagère. Plantez des Euphorbes, des Crassules écarlates dont les fleurs, comme le nom l'indique, sont du plus beau rouge. Enfin, parmi les plantes d'étagères, je vous citerai encore les Stapélias dont il a déjà été question antérieurement et les Agaves. Il existe une telle variété parmi les plantes d'étagère que je vous indique, que, si vous savez les classer de manière à ce que leurs couleurs se fassent ressortir les unes les autres, vous serez étonné de l'effet charmant que vous obtiendrez. Profitez des rayons de soleil pour y exposer vos plantes d'étagère et, si le temps le permet, n'hésitez pas à leur faire passer de temps en temps, une heure ou deux sur votre balcon.

Je reviens une fois encore vous dire quelques mots, au sujet des plantes grasses naines, pour que vous sachiez user des ressources au moyen desquelles la culture de ces plantes vous deviendra familière. Vous savez que les plantes grasses qui restent peu développées dans nos pays, acquièrent dans les régions tropicales d'où elles sont originaires des développements véritablement excessifs, malgré l'aridité du sol dans lequel elles croissent naturellement et les longs mois de sécheresse à laquelle elles sont exposées. Le peu de terre contenue dans les fentes d'un rocher suffit parfois amplement au développement d'un Cactus gigantesque; ces plantes savent donc se contenter de peu de terre et de peu d'humidité, l'atmosphère étant pour elles une source inépuisable d'éléments nutritifs. C'est à cette particularité que les plantes grasses doivent la réputation qu'elles ont de ne pouvoir mourir ni de soif, ni de faim. Des plantes grasses naines oubliées par des horticulteurs dans un coin de leur serre ou partout ailleurs pendant de longs mois, plantées ensuite et arrosées, sont revenues à la vie et ont donné des fleurs.

Pour avoir de jolies plantes grasses naines pour

votre Étagère, obtenez-les de boutures que vous plantez dans des petits pots presque microscopiques, au milieu d'une terre de bruyère sèche et bien divisée que vous arroserez rarement et peu à la fois. Si vous les obtenez de semis, mettez-les également dans de très-petits pots si vous voulez les empêcher d'acquérir de trop grandes dimensions, sans cela elles prendront un volume d'autant plus considérable que les pots sont plus grands et la terre qui les remplit plus riche en principes nutritifs. Pendant le sommeil des plantes grasses, c'est-à-dire pendant la période où leur végétation est stationnaire, vous ne les arroserez qu'une fois tous les vingt jours et avec la plus grande parcimonie, pour les vases à fleurs les plus petits, un dé à coudre d'eau suffira, pour les grands vases, trois ou quatre fois la même quantité sera largement suffisante, je n'ai pas besoin de vous rappeler que l'eau dont vous vous servez doit être au niveau de la température de votre salon, trop froide, elle risquerait fort de tuer vos fleurs.

Lorsque les plantes grasses semblent sortir de leur sommeil végétal, arrosez-les toutes les semaines, et enfin, au moment de leur épanouissement, vous leur donnerez de l'eau tous les trois jours.

La cheminée est encore un des endroits choisi pour y établir des fleurs, et c'est avec méthode que l'on doit procéder, car toutes les plantes ne conviennent pas pour toutes les saisons.

Dès le mois d'octobre, vous établirez sur votre cheminée les Tulipes de Tholl, les Crocus, les Jacinthes et autres plantes à oignons; les fenêtres de votre appartement, constamment ouvertes, lorsque la température extérieure sera suffisamment élevée, seront fermées rigoureusement aussitôt que le temps sera un peu frais et le soir principalement. C'est sur votre cheminée que vous vous adonnerez à la culture des jacinthes dans l'eau et sous l'eau, en mettant à profit les moyens que je vous indique au paragraphe 6 du chapitre iv. C'est dans des vases de porcelaine ou dans des carafes que l'on place les Narcisses Jonquilles, les Ornithogales d'Arabie et autres fleurs de salon. Plantez donc vos oignons dès la fin de septembre et dans le courant d'octobre, ne les tenez pas trop au chaud dans le commencement et donnez-leur de la lumière, sans cela, leurs feuilles nombreuses, pâles et étiolées, se développeront outre mesure aux dépens de la tige florale.

Outre les fleurs à oignons, vous pouvez encore orner votre cheminée au moyen de Primevères de la Chine; les Ericæ, les Diosmas, les Bruyères du Cap, les Cyclamens, les Myrtes à petites feuilles, sont aussi de très-jolies fleurs d'appartement. Les Cyclamens fleurissent dès le mois de décembre, il en existe de plusieurs nuances, rouges, blanches ou roses, toutes très-odorantes et s'épanouissant successivement pendant quatre mois. Plantez-les dans de la terre de bruyère, et lorsque la floraison sera terminée, cessez de les arroser, conservez-les jusqu'au mois de septembre dans leur terre desséchée.

Arrosez vos Ericæ avec parcimonie, et après la floraison, rempotez-les et donnez-leur de la terre de bruyère nouvelle.

La Diosma cordata, petit arbrisseau toujours vert, est d'un très-bon effet sur une cheminée, ses feuilles sont odorantes et ses fleurs, de couleur blanche, produisent un contraste agréable. La Diosma ambigua convient mieux pour l'hiver, depuis le mois de décembre jusqu'au commencement de mars, elle est recouverte de fleurs blanches rosées.

Plantez vos Myrtes dans de bonne terre de bruyère,

leurs feuilles toujours vertes conviennent très-bien aussi à la décoration des cheminées.

Cultivez dans de la mousse humide les diverses espèces de Scille, celle du Pérou et la Scille maritime principalement, elles y fleuriront très-bien.

En général, les fleurs coupées se conservent encore assez longtemps si l'on a recours à certaines précautions que nous allons indiquer. Tous les matins on jette l'eau contenue dans les vases et on la remplace par de l'eau fraîche; au moyen d'une paire de ciseaux, on coupe le bas des tiges dans une longueur de un centimètre et on les replace immédiatement dans l'eau. Le soir, on laisse tomber sur ces fleurs quelques gouttes d'eau bien divisées. Mais lorsque les fleurs sont privées de tiges comme cela arrive pour les bouquets montés, il ne reste d'autre moyen de les conserver que de les placer sous une cloche en verre dont on mouille les parois de manière à saturer d'humidité l'espace qu'elle circonscrit.

Pour conserver longtemps la fraîcheur des fleurs coupées, tout en leur laissant un aspect gracieux, on se sert pour les salons du panier monté, dont l'intérieur est disposé de la façon suivante : du sable très-frais et peu serré remplit le panier, il est recouvert d'une légère couche de mousse destinée à le cacher, la tige de chaque fleur est plantée dans ce sable, et on les place toutes d'après leurs nuances de manière à leur donner une disposition harmonieuse, on n'a qu'à maintenir le sable dans un bon état d'humidité et les fleurs ainsi soignées se conservent beaucoup plus longtemps que lorsqu'on les met dans l'eau. Il va sans dire que si le panier qui contient le sable est de forme gracieuse, cela ne fait qu'ajouter à la beauté du bouquet.

Enfin, à défaut de toutes ces fleurs cultivées ou

fraîchement coupées, on peut cultiver pendant l'été un grand nombre de fleurs de jardin qui, lorsqu'elles sont desséchées dans une armoire ou dans tout autre endroit à l'abri du soleil et de la lumière, conservent pendant longtemps leur couleur et leur éclat, et peuvent vous servir à garnir, pendant l'hiver, les vases de porcelaine qui ornent votre cheminée. Parmi ces plantes, dont la culture est si facile et le prix si modéré, il me suffira de vous indiquer l'Helipterium de Sandford, le Morna élégant, le Sauvitalia procambens, l'Amarantoïde, l'Amaranthe à crête de coq, le Rhodanthe Manylesii, l'Achrochinium rose, l'Immortelle à bractées et l'Immortelle annuelle. L'Immortelle jaune se conserve aussi très-longtemps et, par la teinture, on peut lui faire revêtir les couleurs les plus riches et les plus variées.

L'emploi des graminées sèches, comme bouquet d'appartement, offre une ressource trop grande pour que nous n'indiquions pas les principales espèces à l'aide desquelles on peut, sans beaucoup de frais, orner les cheminées et les étagères.

Rien comme élégance n'approche de ces bouquets, composés de tiges légères aux nuances délicates, dont les épilets, retombant avec grâce, sont agités au moindre courant d'air; si dans ce bouquet nous avons çà et là placé quelques Coquelicots, Marguerites ou Boutons d'or, au cœur de l'hiver, ils nous rappellent la campagne et les champs dans ce quils ont de plus champêtre et de plus joli.

Le nombre des espèces pouvant servir à cet usage est indéfini, il nous serait impossible de les nommer toutes, nous allons donc indiquer avec une courte description les espèces les plus jolies à l'aide desquelles on peut, selon son goût, composer soi-même un bouquet.

L'*Agrostis Pulchella*, élégante et belle. Cette herbe est une véritable miniature, ses tiges ont à peu près

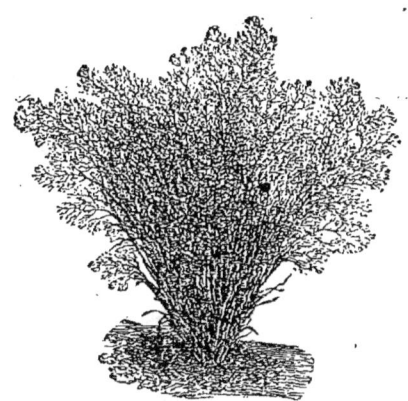

Agrostis pulchella.

15 centimètres de haut et sont d'une extrême légèreté. Elle doit être particulièrement employée pour servir de base au bouquet.

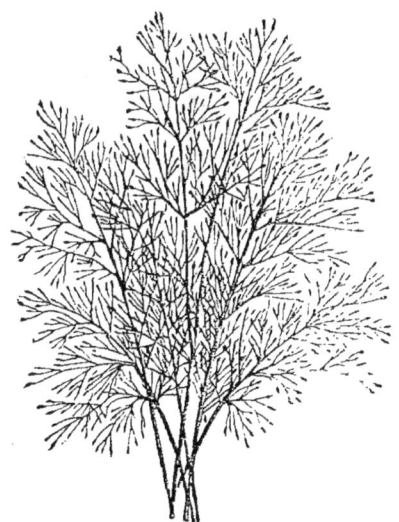

Agrostis Nebulosa.

L'*Agrostis Nebulosa*, l'ensemble des tiges forme un gracieux assemblage de touffes plumeuses d'une si grande légèreté que le moindre vent suffit pour les agiter; ces tiges ont environ 40 centimètres, elles peuvent former le corps du bouquet.

Le *Briza maxima* est une charmante plante ayant des épilets retombant avec grâce, ils sont comprimés sur les deux côtés et formés de bractées arrondies, imbriquées les unes dans les autres; le tout est sup-

Briza média.

porté par des petites tiges grêles, extrêmement flexibles, de sorte que ces épis sont toujours en mouvement. Il est bon que les tiges de Briza maxima dépassent un peu en hauteur le corps du bouquet.

Le *Briza gracilis* ou Amourette est une variété du Brizà maxima, mais beaucoup plus petite et tout aussi élégante; on la trouve dans nos prés en grande abondance.

Le *Bromus brizæformis* est une herbe dans le genre

des briza, mais beaucoup plus grosse, à tige flexible et à épilets pointus et retombant d'un effet très-gracieux. Il faut employer cette espèce pour former le haut des bouquets.

L'*Avena flavescens* est une herbe fine à épilets allongés, ayant des barbes très-longues; on colore cette herbe de différentes nuances, mais nous la préférons de beaucoup simplement séchée avec sa couleur naturelle.

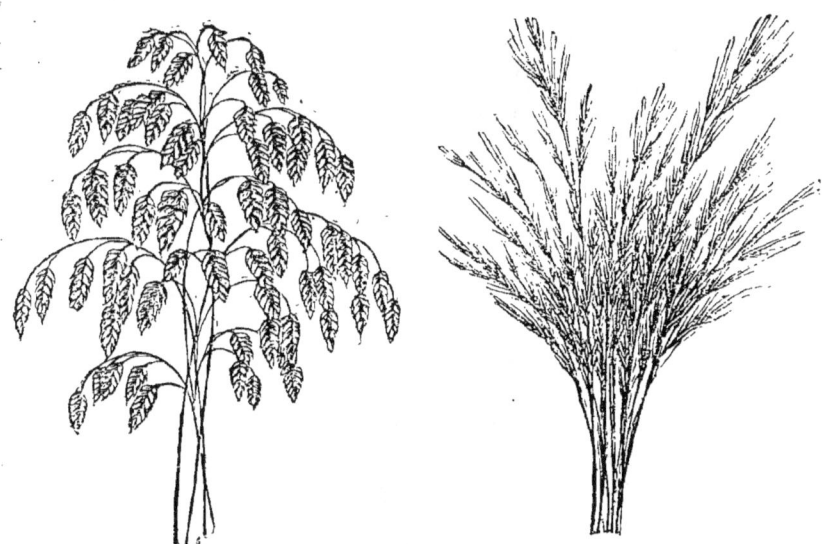

Bromus brizæformis.   Avena flavescens.

Le *Statice incana hybrida* est une fleur très-belle à fleur blanche. Lorsqu'elle est desséchée, elle ressemble à l'*Erica*, par sa forme élégante et ses belles couleurs; elle est indispensable pour tous les bouquets d'herbes ornementales. Elle soutient les tiges délicates et doit être employée comme base.

Le *Stipa pennata* est encore une herbe très-jolie, que nous recommandons de ne pas oublier dans la composition d'un bouquet. Nous recommandons aussi

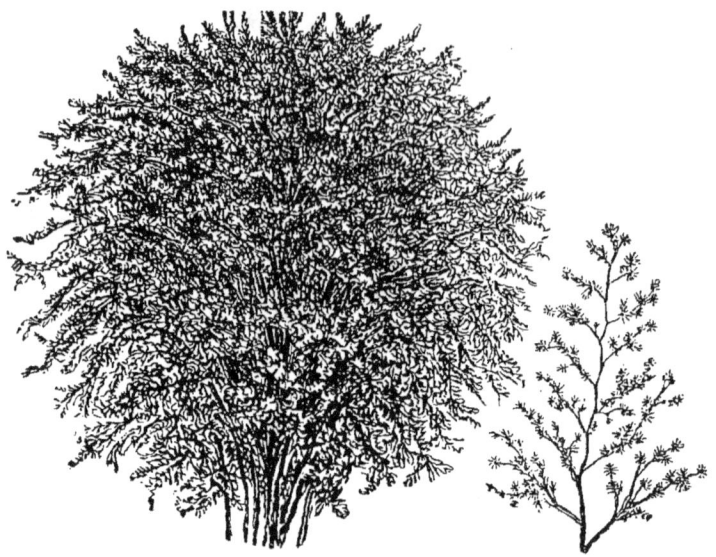

Stipa pennata.

l'*Hordeum jubatum*, petite herbe ressemblant à l'Avena flavescens.

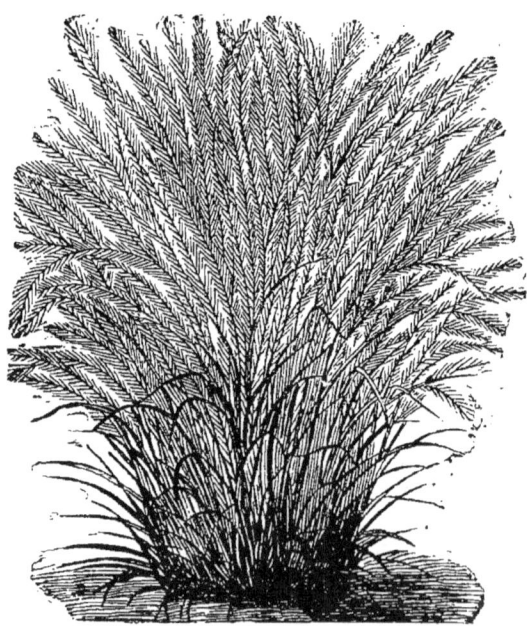

Statice incana hybrida.

Il est très-facile de récolter soi-même la plupart de ces graminées, on n'a qu'à les laisser sécher pour s'en servir ensuite; puis il est très-facile de se les procurer chez quelques grainiers-fleuristes, et particulièrement chez M. Gontier, 6, quai de Gèvres, à Paris, où nous avons vu un choix très-varié.

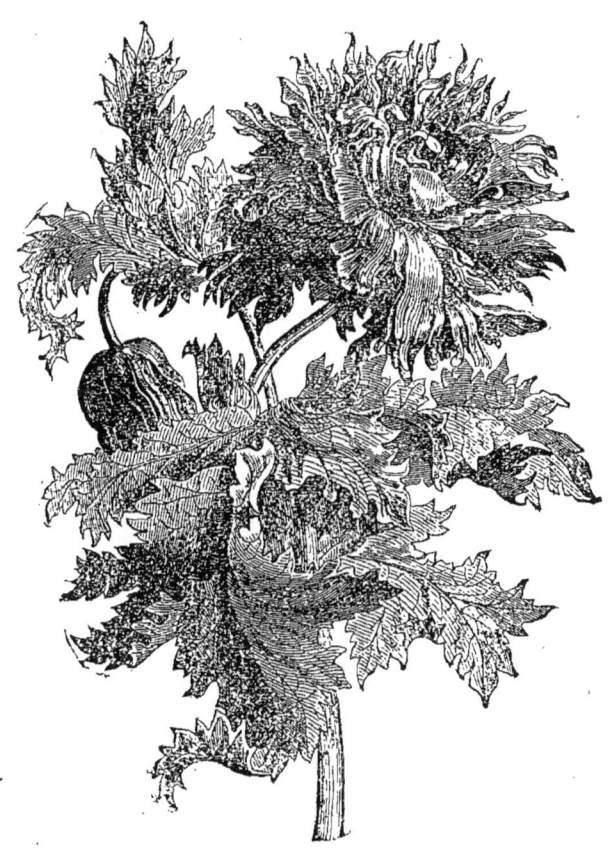

CHAPITRE VI.

LES ARBRES FRUITIERS D'APPARTEMENT.

Les arbres fruitiers d'appartement; leur culture en pots. — Fruits forcés. — Cerisiers et Pruniers nains. — Fraisiers. — Framboisiers. — Groseilliers. — Vigne. — Le Jardin de la cuisinière.

§ 1. — De la culture des Arbres fruitiers dans les pots.

C'est aux arbres fruitiers de petite taille qu'il faut s'adresser si on veut obtenir des résultats satisfaisants dans la culture d'appartement; on les place dans des pots soit dans le but de les forcer dans la serre, soit pour les cultiver naturellement, et comme les vases qui les contiennent sont d'une capacité assez restreinte, on doit veiller à ce que la terre soit chargée d'une grande quantité de matières fertilisantes.

La culture des arbres fruitiers en pots est très-répandue en Angleterre où Pivers l'a mise à la mode en construisant des vergers couverts qui ne sont autre chose que des hangars couverts de chaume sous lesquels les pots contenant les arbres fruitiers sont disposés sur plusieurs rangs, entre lesquels on peut circuler pour les besoins du service. La tête des arbres ne dépassant pas en largeur celle des pots, il est aisé de se figurer quelle énorme quantité d'arbres fruitiers on peut cultiver de la sorte dans un espace relativement restreint, et on ne peut se faire une idée du nombre de fruits que l'on peut récolter pour peu qu'on sache entretenir la qualité de la terre et faire la taille de ces arbres. Ainsi tous les ans, on doit opérer le rempotage parce que les engrais ont été épuisés et qu'il est nécessaire de les renouveler. Le chaume qui recouvre le hangar, les paillassons que l'on dispose tout autour, met les fleurs à l'abri des gelées blanches et rendent la récolte certaine. Le temps est-il favorable, on enlève les paillassons et les arbres fruitiers se trouvent de suite en plein air; le brouillard, au contraire, les giboulées semblent-ils menacer les fleurs, les paillassons sont remis en place et les arbres se trouvent abrités efficacement.

Les horticulteurs français n'ont pas encore adopté le système des vergers couverts. C'est un grand tort; mais ils savent cultiver dans les pots certains arbres fruitiers pour les forcer en serre chaude. Ainsi, nous avons vu souvent des abricotiers, des cerisiers et certains pruniers, mis en serre de l'automne, donner des fruits au milieu de l'hiver, fruits arrivés à maturité complète à la fin du mois d'avril.

On a l'habitude de se servir, pour les arbres fruitiers, de pots mesurant 45 centimètres de diamètre sur une profondeur de 33 centimètres. On remplit ces vases avec de la terre de potager mélangée à une moitié au moins de terreau pur; c'est le sol qui convient le mieux aux poiriers, pommiers et autres arbres dont les fruits donnent des pépins. Quant aux abricotiers, pruniers et autres arbres gommeux, il leur faut un sol plus léger, mélangé à des pierres calcaires.

Pour augmenter le pouvoir fertilisant de la terre, on l'arrose avec des engrais liquides tels que la bouse de vache, le crottin de cheval ou de mouton délayés. Ces arrosages, faits une fois par semaine, donnent de très-bons résultats. Il va sans dire que les arrosages doivent être d'autant plus fréquents que la végétation est plus active, et que lorsque les feuilles sont tombées, il n'est pas nécessaire d'entretenir une humidité considérable.

Pour les arbres fruitiers d'appartement, il importe de les arrêter dans leur hauteur qui, sans cela, finirait par atteindre des proportions exagérées. Donnez-leur 50 centimètres, 60 centimètres, au plus de hauteur; donnez des tuteurs à ceux qui sont trop faibles et variez vos espèces, ce qui vous est on ne peut plus facile. Tous les ans, au moment du rempotage, faites la taille des racines, retranchez tout le chevelu qui paraît peu vigoureux et superflu.

Enfin, il importe de vous faire connaître ici le moyen employé par nos jardiniers pour favoriser le développement de ces petits arbres fruitiers qu'ils viennent vendre dans nos villes à des prix d'autant plus élevés qu'ils sont couverts d'un grand nombre de fruits. Ils prennent des petits poiriers greffés de deux ans seulement, ils en raccourcissent toutes les racines pour les faire entrer facilement dans des pots de taille ordinaire, excepté la racine principale, la plus développée, qu'ils conservent et qu'ils font passer par le trou du fond qu'ils ont eu soin d'agrandir. Cette racine, enfoncée avec le vase dans de la terre végétale de première qualité, y puise des sucs en grande abondance; l'arbre développe rapidement ses fruits et, lorsqu'ils sont parvenus à maturité, le rusé jardinier coupe la racine à ras du pot et porte au marché voisin son arbre ainsi mutilé. Si le moyen n'est pas des plus honnêtes, il est au moins des plus ingénieux ; il faut bien en convenir.

§ 2. — **Fruits forcés chez soi. — Cerisiers nains. — Pruniers nains.** — **Fraisiers ; la Fraise des bois ; la Fraise de Virginie ; la Fraise du Chili ; le Buisson de Gaillon. — Les Framboisiers. — Les Groseilliers. — La Vigne. — L'Ananas.**

Récolter des fruits dans son appartement, cela paraît impossible au premier abord et pourtant avec des soins, beaucoup de soins, on y arrive, et si le mal que l'on s'est donné mérite une récompense, on ne peut pas nier que la joie que l'on éprouve en dégustant les produits de son verger ne soit des plus complètes.

Je vous parlerai tout d'abord des *Cerisiers nains*. Achetez le plus petit que vous pourrez trouver et qui sera déjà planté depuis quelques mois soit dans un vase soit dans une caisse ; coupez toutes les branches à l'exception d'une seule, la plus vigoureuse. La première année, il ne vous donnera probablement pas de fleurs, mais il se couvrira de petites branches latérales, riches l'année suivante de bourgeons à fleurs. Vous aurez soin de le maintenir soit sur votre terrasse, soit sur votre balcon pendant la belle saison et, aussitôt qu'il aura perdu ses feuilles, rentrez-le dans votre salon. Quelques jours après, il entrera en végétation ; ses feuilles et ses fleurs se développeront ; dès le mois de janvier, au commencement de février au plus tard, la floraison sera complète et vous mangerez des cerises parfaitement mûres, alors que les cerisiers de pleine terre seront à peine entrés dans leur période de floraison. Mais, pour arriver à ce résultat, il faudra avoir soigné l'arbuste, l'exposer aux rayons du soleil à travers la fenêtre, ménager la température de l'appartement de telle sorte qu'elle ne soit jamais inférieure à 12° centigrades, ce qui n'est pas très-élevé comme vous le voyez. Ces petits soins, joints à des arrosages suffisants au moyen d'engrais liquides, vous assureront le succès.

Quant aux *Pruniers nains*, je vous indiquerai, parmi ceux qui sont les mieux appropriés à ce genre de culture, la Belle-Audigeoise, la Mirabelle, la Belle-de-Choisy, la Reine-Claude et les Pruniers nains anglais. Ces derniers surtout réussissent très-bien ; vous devez veiller à ce que ces Pruniers, lorsque vous les achetez, soient déjà cultivés en caisse ou en vase depuis un an ou deux, sans cela, ils ne vous donneraient rien. Pour les opérations que vous avez à leur faire subir et pour les soins que vous devez leur donner, vous n'avez qu'à vous reporter à ce que je viens de vous dire pour les Cerisiers nains, les procédés sont les mêmes. Il est cependant une précaution à prendre, précaution qui a rapport aussi bien aux Pruniers, aux Cerisiers et aux Abricotiers qu'à tous les autres arbustes gommeux, c'est de recouvrir la coupure que vous faites lorsque vous les taillez, au moyen de poix ou de tout autre mastic, afin de cicatriser la plaie, sans cela, la sève sort abondamment et contribue à affaiblir l'arbuste dans une certaine mesure.

Il est plus facile encore de cultiver *les Fraisiers* chez soi que des Cerisiers ou des Pruniers, la Fraise est un des fruits les plus faciles à forcer dans l'appartement. Les espèces de Fraisiers sont nombreuses, aussi choisirez-vous les plus belles et les plus fécondes. Le Fraisier des Alpes remontant est précoce et il aime la chaleur de l'appartement ; la Fraise des bois, vous le savez, a une saveur exquise et se contente de peu d'air et de peu de chaleur, puisqu'elle mûrit dans les bois les plus sombres. La grosse Fraise de Virginie, de couleur écarlate, d'un parfum suave et d'une précocité incroyable, vous donnera des fruits mûrs quinze jours avant ses compagnes ; la Fraise du Chili est aussi une des plus recommandables. La Fraise Buisson de Gaillon a l'avantage de ne pas fournir de traînasses. Enfin, je vous citerai encore comme étant dignes de vos soins et de vos préférences, la Fraise géant Goliath, la Fraise Reine d'Angleterre et la Fraise Wilmott.

C'est à l'automne que vous empoterez les Fraisiers que vous voulez forcer dans votre appartement, vous devez choisir un pied provenant des coulrents ou traînasses que la plante aura émis au printemps. Dès le commencement d'octobre, ces jeunes pieds seront confiés à un mélange de terreau pur et de terreau de couche et vous les arroserez avec de l'engrais liquide. Si votre terre est comme je viens de vous l'indiquer, ne craignez pas de confier trois pieds à chaque vase, tenez-les dans une atmosphère de température moyenne, et quand vous verrez le moment venu de les forcer, vous les mettrez dans votre salon chauffé à une température moyenne de 12 à 15° centigrades. Si vous avez plusieurs pots de Fraisiers, ne les faites forcer que successivement afin de faire durer le plaisir de manger les produits de votre verger. Vous aurez à éviter les changements brusques de température, c'est-à-dire que quand le moment est venu de forcer vos Fraisiers, il faut les sortir de la chambre sans feu et les apporter dans le salon en les tenant d'abord assez éloignés du foyer ; peu à peu vous les rapprocherez et quand les fleurs seront sur le point de s'ouvrir, vous les mettrez dans la situation la plus favorable pour qu'ils profitent de la température. N'allez pas non plus les cueillir avant leur maturité, ce serait perdre en un instant le résultat de toutes vos peines. Ayez soin, pour que les fruits se développent bien, de couper les traînasses à mesure qu'elles apparaîtront, arrosez-les deux fois par jour avec de l'eau mise à la température de votre appartement, maintenez la terre dans un état d'humidité sans excès. C'est avec une paire de ciseaux que vous cueillerez vos Fraises, par ce moyen vous ne détachez que le support de celle qui est mûre, tout en laissant sur la tige celles qui n'arriveront à maturité que quelques jours après. Tous les ans vous renouvelerez votre jeune plant, vous vous assurerez ainsi une récolte plus abondante.

C'est au mois d'octobre que vous devez mettre en caisse ou en vase *les Framboisiers* dont vous voulez obtenir des fruits forcés dans votre appartement. Choisissez pour cela une touffe épaisse et vigoureuse, coupez-en les tiges dans le quart au moins de leur longueur et placez-les dans une chambre où vous ne faites pas encore de feu. Au bout d'un mois de séjour dans cette chambre, votre Framboisier aura déjà poussé avec vigueur et vous verrez apparaître les boutons déjà bien formés.

Exposez-les alors à la lumière en les approchant de la fenêtre aussi près que possible, puis placez-les dans votre salon chauffé, et dès la fin de janvier vous mangerez des Framboises et vous les trouverez exquises. Vous savez que toutes les tiges qui vous auront donné des fruits meurent après et sont remplacées par des rejetons venant directement des racines; aussitôt donc que votre récolte de Framboises sera terminée, coupez au niveau du sol les branches qui vous ont donné des fruits et la nature fera le reste, elles seront bientôt remplacées.

Les Groseilliers s'accommodent très-bien des soins que je viens de vous indiquer pour les Framboisiers, comme ces derniers, ils aiment la lumière et fleurissent assez rapidement dans les appartements. S'ils ont l'inconvénient de ne mûrir qu'au mois d'avril, au moins vous réjouissent-ils la vue pendant tout l'hiver par leur feuillage épais et par leurs fruits prenant peu à peu du développement et de la couleur. Le Groseillier que vous avez l'intention de forcer doit être cultivé en caisse ou en pot depuis au moins un an, car malgré sa vigueur, cet arbuste n'aime pas à être transplanté, ce n'est donc que lorsqu'il sera bien repris et bien habitué au séjour en vase ou en caisse que vous pourrez songer sérieusement à le forcer dans votre appartement. Ne forcez pas un Groseillier pendant deux ans de suite, vous l'épuiseriez sans bénéfice, car il donnerait des feuilles et non des fruits, le meilleur parti que vous puissiez en tirer, c'est de le forcer une année et de le laisser se reposer l'année suivante, vous n'aurez qu'à vous louer des ménagements que vous prendrez à son égard.

Si vous forcez en même temps des Groseilliers et des Framboisiers, tirez parti de leurs couleurs, c'est-à-dire que si votre Framboisier donne des fruits rouges, vous ferez bien de choisir un Groseillier blanc et réciproquement vous prendrez un Groseillier rouge et un Framboisier blanc.

Voulez-vous vous contenter de fleurs sans fruits? Rien n'est plus facile, il n'est pas nécessaire de se servir de caisses, ni de vases à terre, prenez tout simplement une carafe remplie d'eau que vous mettez sur votre cheminée, choisissez une branche de groseillier bien garnie de boutons à fruits et plongez-la dans cette carafe. Quelques jours suffiront pour que les feuilles apparaissent bientôt suivies par le développement et l'épanouissement des boutons à fleurs. Si cette opération a été faite au mois de décembre, vous aurez encore des chances d'obtenir quelques fruits de cette façon, je ne vous les garantis ni nombreux, ni de première qualité, mais je suis persuadé d'avance que vous vous trouverez suffisamment récompensée du peu de mal que vous aura donné ce genre de culture. Notez encore ceci, c'est que cette branche n'est pas perdue et que vous pouvez peupler votre jardin, si vous en avez un, par ce procédé parfaitement économique. Quand cette branche vous a donné sa verdure et que les premiers jours de printemps vous font rechercher une plus riche végétation, retirez-la de la carafe, retranchez à sa partie inférieure environ 5 centimètres de sa longueur et plantez-la dans un pot rempli de bonne terre, bien préparée et bien humide, elle va s'enraciner de suite et pour peu que vous sachiez tailler habilement ses rameaux latéraux, vous la verrez au printemps prochain pousser avec une vigueur inespérée.

Si vous vous adonnez à la culture des arbres fruitiers, il vous sera bien difficile de résister au désir bien naturel de cultiver *la Vigne* dans des vases ou dans des caisses. Manger du chasselas de votre appartement, faire ses vendanges sans sortir de chez soi, tout cela paraît au premier abord bizarre et irréalisable, et cependant tout cela est possible et même facile, car la Vigne cultivée en pots se force facilement dans les appartements. Vous choisirez dans ce but des ceps obtenus de marcottes et mis en pot quand les racines seront suffisamment développées, ce sont ces ceps que les viticulteurs appellent chevelés, à cause de l'abondance de leurs racines.

Ces ceps, lorsqu'ils sont soumis à une culture favorable, peuvent donner des raisins, même dans la première de leur marcottage et de leur mise en pot. Avant d'aller plus loin, je vous dirai que les meilleures variétés pour les vignobles d'appartement sont tous les Muscats et tous les Chasselas, la grosse Perle de Hollande et le raisin connu sous le nom de Frankcenthal, raisin dont les grains énormes d'un noir bleuâtre mûrissent avec la plus grande facilité.

Le sol qui convient le mieux à la Vigne en général est le terreau de couche bien usé déjà et mélangé avec quantité égale de bonne terre de potager, quelques pierres calcaires disséminées dans le vase où la Vigne prend racine, ajoutent à son développement. Les coteaux les plus riches, les crus les plus estimés, donnent d'excellents raisins, et cependant le sol qui les compose n'est pas favorable à la culture des céréales, c'est un terrain maigre qui ne convient pour ainsi dire qu'à la Vigne, car, vous le savez, cette plante vit beaucoup par ses feuilles, qui empruntent à l'atmosphère beaucoup de principes nutritifs.

Vous avez à prendre un certain nombre de précautions pour réussir la culture de la Vigne, vous devez d'abord lui donner des tuteurs pour soutenir ses sarments, disposer ces tuteurs sous forme de treillages en bois, comme vous le faites pour vos œillets. Aussitôt que vos grains de raisin sont formés et qu'ils ont pris un développement suffisant, le moment est venu d'ébourgeonner. Cette opération consiste à pincer l'extrémité de la branche sur laquelle la grappe est implantée afin que la quantité de sève réservée à votre raisin soit plus abondante. L'opération de l'ébourgeonnement accomplie, il vous reste à surveiller vos grappes et à voir si les grains ne sont pas trop rapprochés les uns des autres, parce que, dans ce cas, ils se gêneront mutuellement et ne pourront se développer. Comprimés les uns par les autres, déformés, privés de lumière et d'une quantité d'air suffisante, ils pourrissent où se dessèchent et entraînent avec eux la plupart des autres fruits corrompus par leur voisinage. Il est d'usage dans ce cas d'enlever un grain sur quatre en coupant avec des ciseaux le support sur lequel il est fixé. Dans le cas où vous pouvez cultiver la Vigne sur votre balcon, c'est-à-dire l'exposer aux rayons du soleil, il faut avoir soin d'enlever les feuilles dont la présence nuit à l'action directe du soleil sur les grappes, ce qui a pour inconvénient de retarder et même d'empêcher la maturité.

Grâce à ces petites précautions, vous pourrez offrir à vos invités une grappe d'excellent chasselas, et quand ils s'extasieront devant sa qualité, leur admiration ne connaîtra plus de bornes quand vous leur aurez appris le nom de votre vignoble.

J'ai déjà eu l'occasion de vous parler des *Ananas*, le moment est venu de m'étendre un peu plus longuement sur ce sujet. Vous savez que ces fruits délicieux, qui sont l'objet de votre convoitise, sont importés de l'Amérique par des navires qui les débarquent à Londres. Placés dans des caisses entourées de glace, ils ont déjà perdu une grande partie de leur parfum et, en outre, quand ils sont expédiés de l'Amérique, on a soin de n'envoyer que ceux qui ne sont pas parvenus à maturité pour qu'ils supportent plus aisément le voyage ; ce sont, de plus, des Ananas qui n'ont pas été cultivés et qui, par conséquent, n'atteignent jamais au degré suffisant de saveur et de développement; par une culture intelligente et des soins infinis, vous pouvez obtenir de meilleurs fruits que ceux qui sont importés. Cette considération doit vous engager à tenter un essai, et si vous êtes patient et résolu, vous aurez du succès.

Il existe diverses manières de cultiver l'Ananas, vous pouvez l'obtenir de semis, mais ce n'est pas le meilleur moyen, parce qu'il lui faut une année pour

Ananas.

se développer et que c'est un laps de temps trop considérable pour ceux qui ont hâte de connaître le résultat de leurs expériences, bien que les meilleures variétés aient été obtenues par les jeunes plants de semis. Je vous engage donc à renoncer à ce moyen pour avoir recours aux œillets où à la couronne.

Les œillets de l'Ananas ne sont autre chose que des sortes de bourgeons qui naissent au bas de la tige, ils ont une analogie parfaite avec ceux de l'Artichaut, on les enfonce dans la terre, ils s'y enracinent et donnent naissance à une nouvelle plante; mais il en est de ce procédé comme de celui qui consiste à se servir des plants de semis, on doit leur préférer la couronne d'Ananas, c'est-à-dire cette touffe de feuille qui surmonte le fruit alors qu'il est parvenu à maturité. Vous vous demandez comment il peut se faire qu'un fruit soit surmonté par des feuilles? Ceci, en effet, mérite une explication. L'Ananas, au bout de deux ans de culture, présente une touffe de feuilles de laquelle vous voyez sortir un beau matin une tige couverte d'un grand nombre de fleurs symétriquement rangées autour d'elle et formant une sorte de sphère. Bientôt, chaque fleur devient un fruit qui, se développant rapidement, se met au contact de ceux qui l'environnent, et comme ce phénomène a lieu pour toutes les fleurs, vous comprenez que ces fruits ne tardent pas à se souder entre eux et à former, à la tige, une sorte de manchon avec lequel elle se confond. Mais les feuilles qui la surmontent persistent et constituent ce que l'on appelle la couronne. Or, c'est à cette partie de la plante que vous aurez recours pour obtenir un Ananas. Quand vous l'avez acheté chez le marchand de comestibles, vous le gardez pendant quelques jours dans un endroit sec et frais pour laisser cicatriser la plaie, comme je vous l'ai déjà recommandé pour les plantes grasses que vous bouturez. Lorsque la place semble cicatrisée, vous enfoncez la couronne à deux ou trois centimètres de profondeur dans la terre, vous l'arrosez légèrement, et avec l'aide d'une température assez élevée, elle forme bientôt des racines et ne tarde pas à croître rapidement. Les feuilles étant susceptibles de prendre un volume considérable, je vous engage à placer votre plante dans un endroit de l'appartement disposé de telle sorte, qu'elle puisse croître sans aucun obstacle.

Mais là ne se bornent pas les soins exigés par l'Ananas, vous n'êtes pas au bout de vos peines : si le fruit est parfumé, les racines en sont amères, comme vous allez le voir.

Dix ou douze mois après leur naissance, les Ananas sont exposés à une maladie grave : une sorte de puceron vorace et qui se multiplie avec la plus grande rapidité envahit les feuilles, absorbe les sucs qu'elles contiennent et, en quelques jours, tue votre Ananas, si vous n'y portez remède, ce qui est facile.

Faites une forte décoction de tabac, laissez-la refroidir et, au moyen d'une éponge, lavez tous les matins avec cette décoction toutes vos feuilles d'Ananas jusqu'à ce que le dernier insecte ait succombé. Je dois vous dire cependant que si vous craignez pour vos jolis doigts effilés les blessures de l'Ananas, vous ferez bien de charger quelqu'un de vous rendre ce service, tout le monde s'empressera de faire ces lotions à votre place et vous vous en trouverez bien, car les feuilles de l'Ananas ont le rebord aussi tranchant que le bistouri le mieux affilé, et une coupure est toujours un petit accident fort désagréable.

Attendez, ce n'est pas tout encore : votre Ananas est âgé d'un an et déjà il semble languir ; il éprouve un arrêt sensible dans son développement, c'est le moment de le rempoter et de lui donner un vase plus grand. Quand vous le dépotez, vous restez surpris du développement extraordinaire que les racines ont acquis ; elles semblent à elles seules remplir le pot.

Coupez-les toutes jusqu'à la dernière et ne craignez rien, c'est le salut de votre Ananas : laissez sécher la cicatrice comme je vous l'ai déjà dit et, après un séjour d'une semaine au plus dans un endroit frais et sec, la plaie se trouvant guérie, vous rempotez votre Ananas dans de la terre nouvelle. Arrosez-le abondamment et bientôt il aura fait de nouvelles racines. L'année suivante, vous aurez le bonheur de constater une tige florale, trop peu développée encore pour fructifier ; mais, à partir de ce moment, quelle que soit la température extérieure, votre Ananas ne doit plus sortir de l'appartement. Faites-lui subir un nouveau rempotage et une nouvelle amputation de ses racines, et bientôt le succès couronnera vos efforts.

La tige florale ira se développant chaque jour de plus en plus, les boutons s'épanouiront ; puis vous verrez apparaître le fruit, violet d'abord et jaune ensuite. Laissez-le se développer jusqu'à maturité complète et, lorsqu'un parfum des plus suaves viendra vous avertir que le fruit est mûr, il sera temps d'inviter vos amis : il faudra le manger sans trop tarder sous peine de le voir pourrir.

§ 3. — **Le Jardin de la Cuisinière.** — **La Persillère hollandaise ; la Persillère de Paris.** — **Le Cresson alénois.** — **Le Gazon de toute forme.**

Il ne faut pas être égoïste : des fleurs dans votre salon, sur votre balcon ou sur votre terrasse seront pour vous une distraction intelligente ; mais il faut bien que vous songiez aussi à procurer quelques distractions à ceux qui vous entourent. Votre cuisinière, enfermée pendant une grande partie de la journée dans la pièce étroite, sombre et mal aérée qui lui sert de laboratoire, sera bien aise d'avoir pour reposer ses yeux quelque plante bien verte. Ici, je ne parle pas des fleurs ; l'atmosphère brûlante et malsaine de la cuisine ne leur permet pas de se développer ; elles s'y étiolent et meurent rapidement, après avoir donné quelques fleurs misérables sans éclat et sans parfum.

C'est donc à d'autres plantes que vous devez vous adresser. En première ligne, je vous citerai *le Persil*, qui offre le double avantage de fournir une verdure abondante et l'un des meilleurs condiments employés pour la préparation de nos aliments.

Je ne vous parlerai pas du Persil-Céleri, du Persil de Naples, ni du Persil à grosses racines, bien que ces variétés ne soient pas dépourvues de quelque utilité ; mais vous leur préférerez toujours et avec raison le Persil ordinaire, soit qu'il soit panaché, soit que ses feuilles soient frisées ; il est toujours riche en principes odorants, surtout quand il est récemment coupé. Vous pourrez l'obtenir par le procédé que je vais vous indiquer, c'est-à-dire, au moyen de la Persillère.

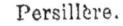
Persillère.

Il existe plusieurs espèces de Persillère. Les Hollandais qui l'ont inventée la construisent, les uns en bois, les autres en zinc ; elle a la forme d'un pain de sucre dont la hauteur serait d'un mètre et le diamètre, à la base, d'un mètre cinquante centimètres environ. Le sommet présente une ouverture assez large pour donner libre passage à la main, et les parois sont percées de deux cents autres trous environ régulièrement disposés et placés à distance égale les uns des autres.

Pour établir votre Persillère, vous disposez d'abord au fond de ce récipient une couche de terre dont la surface arrive au niveau des premiers trous ; puis, prenant des plants de persil de l'année, vous choisirez les plus vigoureux, vous les introduirez dans la Persillère de telle sorte que leur racine soit enfoncée dans le sol tandis que leur tige, passant par le trou, vienne saillir au dehors.

Lorsque vous aurez ainsi garni tous les trous de la rangée inférieure, vous recouvrirez les racines au moyen d'une seconde couche de terre dont la surface viendra se mettre au niveau de la seconde rangée de trous ; vous opérerez comme je vous l'ai dit ci-dessus et ainsi de suite jusqu'à ce que la Persillère soit remplie de terre et que tous ses trous seront garnis de plants de Persil. Pour dissimuler l'ouverture supérieure, vous y placerez également quelques pieds de Persil dont le feuillage ne tardera pas à couvrir l'étendue.

L'établissement d'une Persillère est vous le voyez de la plus grande simplicité, cela n'entraîne pas de dépense et vous avez en outre l'avantage de disposer, quand vous le voulez, de ce délicieux assaisonnement.

La Persillère de Paris est en terre cuite, elle est préférable à tous égards à la Persillère en bois ou à la Persillère en zinc, il n'est pas de forme gracieuse qu'on ne puisse donner à ce vase, car la forme conique, quoiqu'elle soit la plus favorable, n'est pas absolument nécessaire. Pour arroser votre Persillère qui, en raison de sa disposition, n'en aura pas très-souvent besoin, il vous suffira de verser quelques gouttes d'eau par l'ouverture de la partie supérieure.

Parmi les précautions que vous devez prendre, il ne faut pas oublier de placer ce vase auprès d'une fenêtre pour que le jour favorise la croissance du persil, et comme vous ne pouvez pas lui donner du jour de tous les côtés en même temps, vous le retournerez au moins une fois par semaine, pour que tous les plants profitent chacun à son tour des bénéfices de la lumière du jour.

Si vous soignez bien votre Persillère, si vous l'avez remplie de bonne terre de potager, suffisamment grasse et meuble, si enfin vos plants sont vigoureux et arrosés sans excès, vous aurez bientôt une abondante récolte, votre Persillère sera transformée en une pyramide de verdure parfumée et, pour les besoins de votre cuisine, vous trouverez là une ample moisson. Je dois encore ici vous donner un conseil; chaque fois que votre cuisinière voudra se servir de cet assaisonnement, elle coupera les tiges d'un ou de plusieurs trous à la suite les uns des autres, de telle sorte que le plant récolté le premier se recouvre de feuilles pendant qu'on fait la récolte des dernières branches et que la Persillère n'est jamais complétement dépouillée.

Avec les graines de roquette, de cresson alénois ou de millet, on confectionne des ornements de l'effet le plus pittoresque. Vous avez sans doute remarqué ces bouteilles recouvertes de verdure, dont la mode commence à se répandre et dont les restaurateurs se servent pour orner la devanture de leur boutique.

Rien n'est plus facile que de vous en procurer de semblables. Prenez une bouteille à vin ou tout autre vase ou objet de forme bizarre, habillez-le d'une chemise de molleton, s'adaptant exactement sur les parois de l'objet, aussi bien sur les creux que sur les saillies, frottez ensuite ce molleton avec une brosse très-rude, de manière à en faire saillir les poils et saupoudrez-le avec une grande quantité de l'une des graines désignées plus haut. Placez ensuite l'objet sur un plat où vous aurez versé de l'eau et où vous aurez soin d'en tenir constamment, l'humidité se répandra sur toute la surface de l'objet, les graines germeront, se développeront et formeront rapidement un habit de verdure. Plusieurs objets, ainsi préparés et placés les uns auprès des autres, produisent un effet agréable; c'est un genre d'ornementation très-original, quand on sait l'employer avec goût.

Je ne puis passer sous silence un autre mode d'ornementation, qui pourra convenir également pour la cuisine et qui demande peu de frais et peu de soins. Ayez un vase en terre cuite de la forme d'un pain de sucre, complétement fermé à sa partie supérieure et ouvert à sa base, d'une hauteur de 45 centimètres environ, sur 20 centimètres de diamètre à l'ouverture. Des trous d'un centimètre sont ménagés de place en place et régulièrement disposés. En face chacun de ces trous, placez un oignon de Crocus ou de toute autre plante bulbeuse, de façon que la tige soit directement en face du trou qui lui livrera passage. Quand tous vos oignons sont ainsi disposés, remplissez l'intérieur du vase avec de la mousse humide bien comprimée, retournez-le et placez-le sur un plat rempli d'eau, afin d'entretenir l'humidité. Bientôt vos oignons pousseront et vous donneront des fleurs, et votre colonne de fleurs sera d'autant plus agréable que vous aurez choisi des plantes de nuances variées.

CHAPITRE VII.

Les petits Jardins dans les grandes villes. — Plantes de bordure. — Massifs. — Gazons. — Parterres. — Le Rocher artificiel. — Le Bassin et les plantes aquatiques. — Arbres fruitiers dans les petits jardins. — Taille des arbres fruitiers. — La Tonnelle. — Tenue des petits Jardins selon les saisons.

§ 1. — Disposition des petits Jardins ; Dessin. — Bordures ; Plantes qui conviennent le mieux.

Il est est bien rare, mais bien agréable lorsqu'on habite une grande ville de disposer d'un petit coin de terre, quelque soit son peu d'étendue, pour y créer un jardinet. Il n'est pas de citadin condamné à respirer, pendant toute sa vie l'air empesté de la grande ville, qui n'ait rêver un petit jardin pour aller s'y reposer le dimanche en compagnie de sa famille, des pénibles travaux de la semaine. Et quelle source inépuisable de distractions dans ce petit coin de terre? Avec quelle fiévreuse impatience on attend le dimanche pour s'y précipiter et avec quel bonheur on constate que le soleil sera de la partie! Puis, le soir, après avoir taillé, arrosé, bêché, sarclé, après avoir sué sang et eau sous prétexte de se reposer, avec quel bonheur et quel appétit, la famille rassemblée sous la tonnelle savourera le frugal mais joyeux repas préparé dès la veille.

Vous ne comprenez pas votre bonheur, habitants des champs, saturés d'air pur, vous qui foulez la violette dès les premiers jours de printemps et qui travaillant à ciel ouvert, au milieu des trésors de végétation que vous prodigue la nature, n'éprouvez pas les pernicieux effets de l'atmosphère brûlante des villes! Vous souriez d'un air narquois à la vue de cette famille prenant ses joyeux ébats dans un coin de terre à peine grand comme votre cuisine et où les petits enfants qui ne connaissent de la campagne que le nom, sont pourtant si heureux de se livrer à une course effrénée à travers les petits sentiers! Et pourtant que d'efforts d'imagination pour transformer ce lopin de terre en un jardin en miniature! Rien n'y manque; le génie de Le Nôtre n'en aurait pu tirer un meilleur parti. Les bordures y sont bien dessinées, le gazon y a sa place, les massifs y étalent leurs fleurs et la tonnelle, formée de plantes grimpantes, y jouera, le soir venu, le rôle de salle à manger. Pendant la chaleur du jour, le jardinier amateur y viendra lire son journal et les enfants s'y abriteront contre les rayons du soleil. Au milieu, un jet d'eau verse avec parcimonie quelques gouttes d'eau aux quelques poissons rouges que les enfants, rassemblés autour du petit bassin, contemplent avec curiosité.

Si vous disposez d'un petit jardin, sachez d'abord que l'air est ce qui lui est le plus nécessaire, gardez-vous donc de l'entourer de murs trop élevés de peur de voir vos plantes s'y étioler, ne leur donnez pas plus de un mètre et demi de hauteur, et si vous en avez la facilité, remplacez-les par des haies d'aubépine ou de charmille, ce qui sera une source de verdure et de fleurs. Au milieu des haies, de place en place, plantez un lilas, un arbre fruitier, taillez-la deux fois chaque année, au printemps et à l'automne.

Quant au dessin de votre Jardin, je ne puis vous donner aucune indication à ce sujet, le plan est subordonné à votre goût et à votre imagination d'abord, et à la disposition du terrain ensuite. Il y a cependant tout avantage à le rendre accidenté, parce qu'en outre de l'aspect plus pittoresque que vous lui donnez, vous en augmentez la surface. Ménagez donc habilement des petits coteaux et des petites vallées et vous gagnerez facilement de cette manière quelques mètres de superficie ; la régularité est l'ennemi de l'harmonie, aussi, il n'y a rien de plus monotone que les jardins anglais, dont la disposition est trop souvent adoptée maintenant en France ; rappelez-vous qu'en horticulture aussi bien qu'en tout autre genre d'ornementation, un beau désordre est un effet de l'art.

Surtout, n'abusez pas des allées, votre terrain n'est pas assez vaste pour comporter un grand luxe de voies de communication ; faites vos allées étroites et tortueuses.

Je n'ai pas besoin de vous dire que le terrain doit être fertile, ce n'est qu'à cette condition que vous obtiendrez une riche végétation ; faites le fond de votre sol avec du terreau de couche un peu usé ou avec un mélange de terreau pur et de bonne terre de potager. Ayez une provision de terre de bruyère pour certaines plantes de massif et dessinez vos bordures.

La bordure est une des parties du jardin qui se prête le mieux à l'ornementation ; les plantes que l'on emploie sont nombreuses, mais toutes n'ont pas les mêmes avantages. L'usage le plus répandu consiste à faire des bordures en buis ; cette plante a l'avantage d'être éternellement couverte de feuilles, hiver comme été, mais elle exhale une odeur désagréable; elle sert de repaire aux escargots et autres ennemis des fleurs, elle manque de grâce et son aspect triste convient mieux sur le parterre d'une sépulture que dans un jardin d'agrément. Remplacez donc le buis par des Oxalis de Deppée que vous planterez au printemps, elles vous donneront des fleurs rouges pendant tout l'été, et vous serviront encore l'année suivante, si vous avez soin de relever les bulbes à l'automne et de les mettre à l'abri du froid. Si le soleil vous fait l'honneur de venir visiter chaque jour votre jardin, exposez à ses regards bienfaisants des bordures d'Oxalis roses, ses fleurs sont pourpres et fleurissent également tout l'été. Plantez également en bordure des Œillets mignardises qui sont du plus charmant effet, des Campanules à feuilles en cœur, dont les touffes peu élevées se couvrent de fleurs bleues ou blanches. Le Miroir de Vénus ou Campanule doucette fleurit en juin et juillet, ses fleurs violettes ou blanches sont également charmantes.

On fait également des bordures avec du Thym, cette plante exhale des parfums agréables et vous fournit une ample moisson pour votre cuisine.

Préférez-vous les plantes gazonnantes, plantez du Cerostium tomentosum, semez du Ray-Grass d'Angleterre, du Lippia repens, dont les fleurs lilas font de si jolies bordures et que vous pouvez laisser pendant l'hiver en les couvrant seulement de feuilles sèches; utilisez-la surtout pour vos bordures en pente.

On fait encore de très-jolies bordures avec la Silène à fleurs pendantes, dont les fleurs roses s'épanouissent pendant tout l'été, avec les Némophiles à fleurs blanches tachées de bleu, que vous semez au mois de septembre ou au printemps, avec des Leptosiphons, des Œillets de poète, des Œillets de Chine, des Pourpiers à grandes fleurs, de la Crépide rose, dont les fleurs sont d'un rose tendre et que l'on sème à toute époque de l'année excepté en hiver. Plantez aussi des Juliennes de Mahon, des Belles-de-Jour, des Violettes de toute saison.

Vous pouvez avoir encore recours au Gazon d'Olympe ou Statice, plante très-vivace dont les fleurs roses sont d'un très-bel effet; aux Pensées, aux Saxifrages mousses ou Gazon de Sibérie.

Parmi ces plantes, il en est quelques-unes qui ne pourraient, en raison de leur défaut de consistance, soutenir le terrain qu'elles circonscrivent; il est de bon usage dans ce cas, de faire une bordure de Buis ou plutôt de Thym et de Seacer en seconde bordure quelques plantes à fleurs, l'Oxalis de Bowie, par exemple, qui est constamment en fleurs. Si vous semez la Julienne de Mahon, coupez-la à ras du sol après sa première floraison, afin que ne s'épuisant pas en graines, elle vous fournisse de nouvelles tiges et de nouvelles fleurs.

§ 2. — Massifs et Gazons.

Après les Bordures, les Massifs sont l'ornement le plus indispensable du petit jardin, vous aurez à faire un choix d'arbustes, car l'espace restreint dont vous disposez vous impose une certaine retenue. Vous disposerez un endroit pour les arbustes de terre de bruyère et vous y planterez des Rhododendrons, des Hortensias et des Kalmia. Parmi les Rhododendrons, je vous recommande le Rhododendron géant, dont les feuilles sont pâles en dessous et d'un vert tendre à leur face supérieure; il en existe deux variétés : la rose et la blanche. Préférez-vous des fleurs de couleur pourpre tirant sur le violet, plantez le Rhododendron Ponticum? Voulez-vous une grande variété de fleurs, choisissez les diverses espèces de Rhododendrons arboreums, les uns fleuriront jaune, les autres blanc, les autres rose ou rouge; dans tous les cas, n'oubliez pas d'arroser souvent ces charmants arbustes et rentrez-les en hiver. Dans votre Massif, l'exposition au sud doit être réservée au Rhododendron, le Kalmia se contenterait de l'exposition au nord, et ces beaux arbustes vous donneront dès le mois de juin des fleurs couleur de chair ou roses.

Vous pourrez également placer vos Hortensias au Nord, l'Hortensia du Japon peut rester en pleine terre pendant l'hiver, à la condition d'être couvert. En général, le massif réservé aux plantes de terre de bruyère doit être placé dans la partie la plus ombragée du petit jardin.

L'autre massif, placé autant que possible au soleil, sera composé d'un nombre plus varié de plantes d'ornement, parmi lesquelles on doit placer, en première ligne, les Rosiers, les Althæa Frutex, les Lilas, la Spirée à feuilles d'Orme, les Pétunias, les Géraniums, les Fuchsias, les Mahonias, etc.

Parmi les Rosiers, vous avez le choix, je vous ai déjà parlé de ceux que je vous recommande le plus spécialement, tout en vous rappelant ici que le Rosier mousseux convient très-bien dans un massif.

L'Althæa Frutex, qui atteint jusqu'à deux mètres de hauteur, vous donnera à profusion des fleurs violettes, rouges, pourpres ou blanches, pendant les mois d'août et de septembre.

Quant aux Lilas; ce sont les plus beaux arbustes de massif que vous puissiez choisir; donnez la préférence au Lilas blanc, au Lilas de Perse, mais surtout au Lilas franc de Marly. Aussitôt la floraison terminée, coupez les tiges défleuries, pour qu'elles ne viennent pas à graine, ce qui épuiserait votre arbuste, et surtout ne faites pas comme ces horticulteurs qui, pour faire fleurir davantage les Lilas, les soumettent à une taille complète de toutes leurs parties vertes après la floraison. Vous éprouverez une grande satisfaction au début, parce que l'année suivante vos Lilas seront couverts de fleurs; mais vous constaterez bientôt que ce régime les tue.

Introduisez aussi dans vos massifs la Spirée à feuilles d'Orme, ce délicieux arbuste, dont la hauteur ne dépasse pas un mètre; la Spirée à barbe de bouc, vous donnera aussi d'excellents résultats.

Les Pétunias constituent également de bonnes plantes de massif, leurs fleurs larges, tantôt blanches, tantôt roses, tantôt d'un rouge pourpre, suivant la variété, ornent bien un petit jardin, surtout quand elles sont entourées d'autres fleurs différentes d'éclat et de forme. J'ai eu déjà l'occasion de vous parler des Géraniums et des Fuchsias; je vous recommande tout particulièrement le Fuchsias corymliflore, dont la hauteur peut atteindre deux mètres cinquante centimètres, et dont les fleurs, disposées en grappes, sont d'un effet remarquable par la richesse de leur nuance, surtout quand ils sont en pleine terre. Le Fuchsias éclatant est aussi recherché, ses fleurs, d'un rouge écarlate très-vif, très-nombreuses, pendantes, sont vraiment admirables; je n'ai pas besoin de vous rappeler ici que les Fuchsias doivent être rempotés à l'automne et placés dans un appartement, à l'abri des rigueurs de l'hiver.

Quant aux Mahonias, celui qui convient le mieux pour les massifs est le Mahonia à feuilles de houe, il est vert pendant la mauvaise saison aussi bien qu'à l'été, ses fleurs jaunes, réunies en grappes, sont nombreuses et pourvues de grâce et d'éclat.

Je vous citerai encore parmi les plantes propres à garnir votre massif à terre de bruyère : les Troënes d'Europe et du Japon, le Seringat, le Groseillier doré, la Viorne boule-de-neige ou Viorne à grosse tête, l'Aucuba du Japon et quelques arbustes résineux, tels que : l'Epicea, l'If, et enfin, le Cèdre de la Virginie; toutes ces plantes sont vivaces, et une fois en place, vous n'avez plus à vous en préoccuper autrement que pour les arroser de temps à autre et renouveler la terre dans laquelle elles sont enracinées.

Vos massifs gagneront au point de vue de l'ornementation, si vous leur donnez un petit coup de bêche de temps en temps, de façon que la terre, fraîchement remuée, ne présente pas de mauvaises herbes, et si vous les encadrez dans une bordure de lierre d'Irlande, cette plante dont les feuilles sont toujours d'un vert admirable et qui croit avec la plus grande énergie.

Si petit qu'il soit, votre Jardin aura toujours une petite pelouse; le gazon réjouit l'œil et fait ressortir la beauté des fleurs qui l'environnent. Vous choisirez dans ce but de la graine de Ray-Grass d'Angleterre. Quelle que soit l'époque à laquelle vous la sèmerez, excepté en hiver, vous la verrez germer rapidement, à la condition de l'arroser fréquemment. Le terrain dans lequel vous semez le Ray-Grass doit être bien préparé, c'est-à-dire bêché à diverses reprises, meuble, fertile et débarrassé des pierres, des racines mortes, en un mot absolument propre. Vous semez à la volée et vous recouvrez la graine au moyen d'un râteau que vous passez seulement une fois sur le sol; après quoi vous attendez sans vous préoccuper d'autre chose que des arrosages.

A défaut de Ray-Grass, vous vous servirez avec presque autant d'avantage des herbes à pelouse connues en Angleterre sous le nom de Lawn's Grass, et dont la verdure, pour n'être peut-être pas d'un vert aussi agréable, a du moins l'avantage de durer très-longtemps.

Voulez-vous avoir une pelouse bien verdoyante du jour au lendemain ? Rien n'est plus facile comme vous allez le voir. Allez dans un de ces fossés qui bordent nos grandes routes et qui sont couverts d'une

Ray-Grass.

herbe si courte et si épaisse qu'elle ressemble à un tapis; taillez ce gazon par carrés de 15 centimères de côté en enfonçant dans ce gazon une bêche bien tranchante et, introduisant ensuite cette bêche sous chaque carré de gazon, enlevez-les tous successivement. Rien ne se fait avec plus de rapidité que cette petite opération : quand vous avez enlevé la quantité de carrés nécessaire pour couvrir le terrain réservé à votre pelouse, placez-le immédiatement sur ce terrain préparé comme je l'ai indiqué ci-dessus ; frappez légèrement avec la main ouverte sur chaque motte de gazon que vous mettez en place, afin de bien l'appliquer, et arrosez légèrement tous les jours pendant quelque temps, pour que la reprise de l'herbe s'opère avec plus de facilité.

Si votre terrain est en pente, vous avez des précautions à prendre afin d'éviter le glissement des carrés de gazon que vous venez d'y apporter ; dans ce cas, voici comment il convient d'opérer. Après avoir préparé le terrain, vous disposez vos plaques de gazon, rangée par rangée, en commençant par la partie la plus déclive. Chaque plaque est fixée au sol au moyen d'un petit bâton mince, mais assez long pour pouvoir s'enfoncer profondément dans la terre ; vous disposez ensuite la seconde rangée et ainsi de suite jusqu'à ce que toute votre pelouse soit établie ; vous n'avez ensuite qu'à arroser pour conduire à bien votre opération.

Enfin, si l'endroit que vous voulez gazonner est trop déclive pour soutenir les carrés de gazon, même au moyen des petits piquets, il vous restera un moyen qui, pour être plus lent, n'en réussit pas moins bien. Supposons, par exemple, que dans votre amour de la verdure, vous ayez le désir de couvrir un mur de gazon, cette idée, toute bizarre au premier abord, n'en est pas moins réalisable.

Passez à travers une claie un mélange de bonne terre de jardin et de terreau bien consommé ; ajoutez-y la quantité nécessaire de graine de Ray-Grass, et avec de l'eau faites un mortier assez liquide pour pouvoir l'appliquer sur le mur avec une truelle, comme le font les plafonneurs.

Ayez soin de donner à votre plaque murale une épaisseur suffisante pour en garantir la solidité, lissez la surface et arrosez-la tous les jours avec un arrosoir à pompe jusqu'à ce que le gazon soit bien poussé. Une crevasse vient-elle à se produire? bouchez-la avec un mortier préparé de la même façon et bientôt votre mur sera transformé en une muraille de verdure.

Lorsque ce gazon a pris une longueur de cinq à six centimètres, coupez-le avec les ciseaux que l'on emploie habituellement pour cet usage; arrosez immédiatement après et battez-le légèrement pour lui donner de la solidité. Après quelques mois, les racines venant à s'entrecroiser dans l'épaisseur de ce mortier, formeront un lacis inextricable qui donnera une grande solidité au revêtement de la muraille.

Quelque soit la disposition de votre pelouse, qu'elle soit plate, unie ou concave, en pente ou sur la muraille, n'oubliez pas que le gazon veut être coupé et arrosé souvent, c'est une condition presque indispensable à son développement rapide et à son effet ornemental.

Si votre pelouse est de grandeur suffisante, ornez-la de quelques plantes à grandes feuilles comme vous avez eu l'occasion d'en remarquer dans les jardins publics et parmi lesquelles je vous engage à choisir en première ligne, la Wigaudia Caracasana et le Coladium, malheureusement ces plantes, comme toutes celles dont on se sert pour orner les pelouses, craignent beaucoup le froid et exigent pendant l'hiver les plus grandes précautions contre le froid et l'humidité.

8.

§ 3. — **Parterres; Fleurs qui conviennent suivant le terrain. — Le Rocher artificiel. — Le Bassin et les Plantes aquatiques.**

Le Parterre est réservé aux fleurs, c'est à lui que vous donnerez le plus de temps et le plus de soins, aussi devez-vous étudier d'abord votre terrain afin de ne lui confier que les plantes qui lui conviennent le mieux.

Si votre terrain est de bonne qualité, vous y cultiverez l'Eutoca visciola que vous obtiendrez de graines semées au printemps et au commencement de l'été; vous y sèmerez aussi à la même époque le Schizanthus retuvus qui vous donnera, selon la variété, des fleurs blanches, roses, pourpres ou lilas, vous sèmerez au mois de septembre le Schizanthus pinantus qui vous donnera de belles fleurs lilas et jaunes à points bruns au printemps suivant. Vous sèmerez également dès le mois de septembre les Clarkia marginata, Pulcherrina, Pulchella et élégant, cependant ces charmantes fleurs peuvent se semer aussi du mois de mars au mois de juillet. En un mot, vous cultiverez toutes les plantes d'agrément que l'espace et le temps vous permettront de semer avec espoir de réussite, les Glaïeuls, les Tulipes, les Jacinthes, les Œillets, les Anémones conviennent très-bien à l'ornementation des petits jardins.

Si votre jardinet a au contraire un sol ingrat, ce qui arrive fréquemment dans les villes à cause de la présence dans le terrain de platras, de pierres et autres débris de construction, ayez recours à des plantes moins délicates, telles que l'Echinops ritio que vous avez souvent admiré sous le nom de Boule d'azur, nom vulgaire que lui ont valu ses belles fleurs sphériques et d'un bleu azuré. Parmi les autres plantes qui se contenteront d'un terrain peu fertile, je vous citerai encore les Cheveux de Vénus ou Nigelle de Damas, la Nicandra physalades, la Nierembergin gracilis, les Némophiles, la Julicavre des jardins, etc., etc.

Des maisons entourent-elles votre petit jardin? les murailles en sont-elles trop élevées ? le soleil y arrive difficilement et il en résulte une humidité constante, cette condition exige encore des précautions et un choix dans les plantes que vous devez cultiver, c'est dans un tel terrain que vous obtiendrez expressément des fleurs de Cardaminin latifolia, les Courges, les Callebasses de toutes sortes, le Corchorus du Japon, les Cinéraires, les Giroflées, le Laurier de Portugal, le Laurier-Cerise, etc., etc.

Dans la partie humide de votre jardin, vous sèmerez la Cardamine, c'est une plante gracieuse à feuilles larges, à fleurs abondantes, vivace et qui, chaque année, donne une grande quantité de rejetons qui servent à la multiplier. En vous recommandant de planter des Glaïeuls, j'ai oublié de vous indiquer la plus belle variété connue sous le nom de Glaïeul comtesse de Saint-Marsault. Vos oignons de Glaïeul doivent être placés dans un lieu sec quand ils sont défleuris et vous ne les mettrez en pleine terre au printemps qu'à la fin d'avril, car le froid les tue avec la plus grande rapidité.

Il faudra que votre Jardin soit bien petit pour que vous renonciez au plaisir d'y établir un rocher artificiel, soit que sa place soit réservée au milieu de la pelouse, soit que les accidents de terrain vous décident à l'établir partout ailleurs. Pour ma part, je vous y engage de toutes mes forces, pour plusieurs raisons, entre autres, parce que cela vous permettra d'avoir un bassin et de vous y livrer aux plaisirs de la pisciculture. Si vous suivez mon conseil, vous aurez un rocher petit, harmonieusement disposé et d'un effet pittoresque auquel quelques plantes viendront joindre leurs charmes; ainsi, parmi celles qui vivront volontiers dans les anfractuosités de cette montagne rocheuse, je vous citerai les suivantes; elles sont assez nombreuses, vous allez le voir. Vous avez d'abord l'intéressante classe des Fougères, dont les sujets les plus accommodants pour un rocher sont : la Scolopandre officinale, l'Osmonde royale, l'Athyrium filix et l'Adianthum pedatum ; vous avez encore les Iris, l'Iris d'Allemagne notamment, dont les fleurs bleues sortent des touffes qui les environnent, seront d'un très-gracieux effet; les Pervenches recouvriront rapidement tout votre rocher, qui ne pourra qu'y gagner au point de vue de la beauté. Je vous citerai encore le Sedum à feuilles de peuplier, le Sedum élégant, les Suxifruges sarmenteuses et granulées, la Saxifruge mousse, le Sempervivum des toits, les Primevères, la Campanule à feuilles en cœur et la violette marine; toutes ces fleurs enracinées dans la terre dont vous comblerez les anfractuosités du rocher artificiel, y croîtront admirablement et s'y enracineront rapidement.

De chaque côté du rocher et pour lui constituer un rideau de verdure, plantez quelques végétaux grimpants : Glycène, Houblon ou Chèvrefeuille, un ou deux pieds de Lierre d'Irlande, et vous ne regretterez ni votre temps, ni votre argent.

Si vous disposez votre rocher artificiel de façon à y établir une petite chute d'eau et un bassin, vous n'aurez plus rien à désirer au point de vue de l'ornementation.

Un petit jet d'eau et un bassin pour la recevoir, en voilà plus qu'il n'en faut pour se procurer une foule de distractions au moyen de la culture des plantes aquatiques et de la pisciculture.

Les plantes que vous cultiverez dans votre bassin seront surtout le Sparganium natans, la Sagittaire, le Polygonum amphibie, la Villarsia nymphoïde et la Rannuculus linguæ. Toutes ces plantes seront enracinées dans des pots remplis de terre de jardin et plongées au fond du bassin. Il est une autre plante que je ne puis négliger de vous faire connaître et dont le phénomène de la floraison a inspiré à Castel les vers suivants :

> Le Rhône impétueux, sous son onde écumante,
> Durant six mois entiers nous dérobe une plante
> Dont la tige s'allonge en la saison d'amour,
> Monte au-dessus des eaux et brille aux yeux du jour.
> Les mâles, dans le fond, jusqu'alors immobiles,
> De leurs liens trop courts brisent leurs nœuds débiles,
> Volent vers leur amante et libres de leurs feux,
> Lui forment sur le fleuve un cortége nombreux.
> On dirait une fête où le dieu d'hyménée
> Promène sur les flots sa pompe fortunée ;
> Mais les temps de Vénus une fois accomplis,
> La tige se retire en rapprochant ses plis,
> Et va mûrir sous l'eau sa semence féconde.

Cette plante, dont Castel décrit les noces d'une manière toute poétique, n'est autre chose que la Vallisnérie spirale. « C'est une herbe qui croît au fond des eaux tranquilles, dit M. Bocquillon dans la *Vie des Plantes*, elle est très-commune dans quelques lacs et étangs du midi de la France, et en particulier dans le canal du Languedoc. Comme le Saule, comme l'If, elle a des pieds mâles et des pieds femelles. Les fleurs pistillées sont à l'extrémité de pédoncules qui peuvent s'allonger assez pour les amener à la surface de l'eau; elles ne s'épanouissent que lorsqu'elles sont arrivées en cette position. Les fleurs staminées sont groupées, protégées par des écailles et placées au fond de l'eau sur de courts pédoncules qui ne peuvent s'allonger. Lorsque le moment de l'union est arrivé, ce qui est indiqué par l'épanouissement des fleurs pistillées, le groupe des fleurs

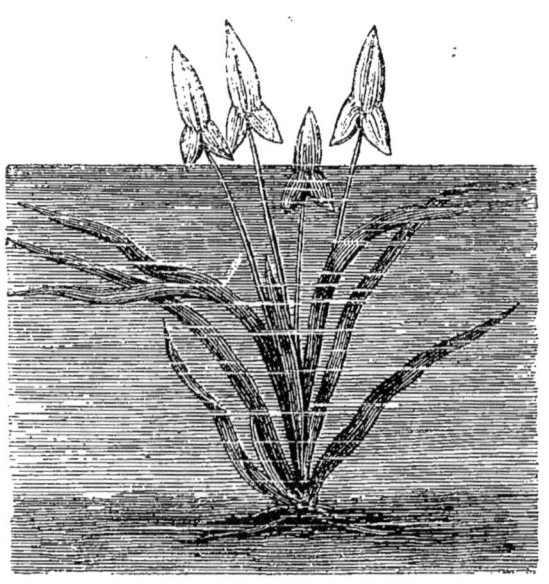

Sagittaire.

staminées se détache brusquement du pied qui le porte, monte à la surface de l'eau, et, à l'aide de mouvement d'onde, se rapproche, en s'épanouissant, de chaque fleur pistillée. L'acte est accompli, le long pédoncule se raccourcit en spirale et ramène au fond de l'eau la fleur femelle qui y mûrit son fruit. »

Procurez-vous donc quelques Vallisnéries spirales, plantez-les en compagnie d'un Anachœrsis Alsniastrum ou d'un Ceratophyllum dans une couche de boue d'étang que vous aurez disposée au fond de votre bassin, après l'avoir recouverte d'une couche de sable d'une épaisseur suffisante pour s'opposer à ce que la boue se mélange à l'eau.

Il vous sera aussi facile de placer dans votre bas-

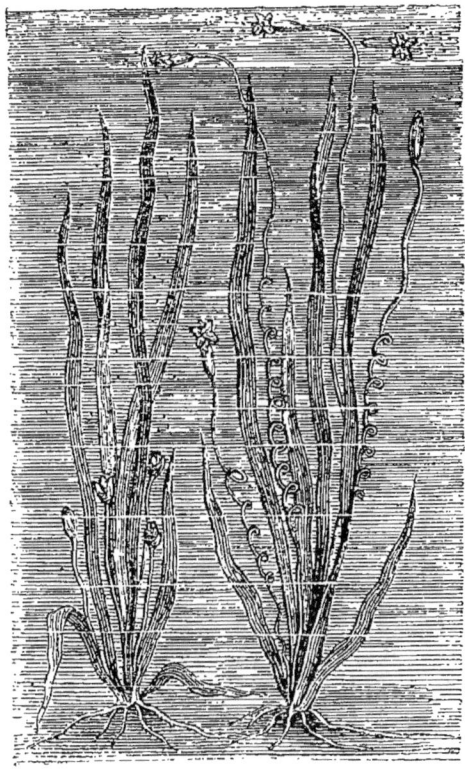

Valisnerie.

sin quelques Sensitives d'eau, ces plantes gracieuses puisent leur nourriture dans le sein de l'eau au moyen de leurs racines qui y sont plongées, et leurs feuilles se contractent comme celles de la Sensitive de terre lorsqu'on vient à les toucher. Enfin, vous pouvez profiter de votre bassin pour semer dans un vase rempli de bonne terre et placé sous l'eau quelques grains de Riz, que vous aurez le plaisir de voir croître et de récolter.

Il me reste encore à vous parler d'une autre plante aquatique que vous serez heureux de posséder, si toutefois les dimensions de votre bassin vous le permettent, je veux parler de la Victoria Regia, que les Espagnols appellent Maïs des eaux et qui chez les Guaranis, porte le nom de Yrupé.

« Qu'on se figure, dit M. Marion, qui en a donné une excellente description dans les *Merveilles de la végétation*, une vaste étendue couverte de feuilles arrondies flottant à la surface des eaux, toutes larges d'un à deux mètres avec des fleurs, tantôt violacées, tantôt jaunes, tantôt blanches, larges de plus d'un pied, répandant un parfum délicieux.

« Ces fleurs produisent un fruit sphérique qui, dans sa maturité, est gros comme la moitié de la tête et plein de graines arrondies très-farineuses.

. . . .

« Nous pouvons nous faire une idée de la nature de cette plante qui croît dans les rivières calmes, en nous rappelant notre beau Nymphœa, notre Lys des étangs; mais la première est dans les proportions gigantesques à côté de notre fleur indigène. Les larges disques des feuilles rondes, de 5 à 6 pieds de diamètre, sont de vastes plats d'odeurs. Leur pétiole est fixé intérieurement au centre. Elles sont lisses et vertes en dessus, avec un bord relevé de deux pouces tout à l'entour, comme celui d'un tamis ou d'un large plateau. En dessous, elles sont rougeâtres, gaufrées ou divisées en une foule de compartiments par les nervures qui sont très-saillantes et laissent entre elles des espaces triangulaires ou quadrangulaires, dans lesquels une certaine quantité d'air peut rester englobée, ce qui contribue à maintenir les feuilles à la surface de l'eau. Aussi voit-on souvent des oiseaux ou des insectes de toutes formes venir se promener ou poursuivre leur proie sur ces larges feuilles comme sur une planche solide.

« Le pétiole, de la racine au fond des eaux, est tout hérissé d'épines longues de 25 à 30 centimètres, ainsi que les plus fortes nervures du dessous des feuilles, le pédoncule et le calice de la fleur. »

A défaut de cette magnifique plante, vous vous contenterez du Nymphœa indigène dont la fleur est douée d'un vif éclat. Si vous aimez à voir lever l'aurore, vous descendrez dans votre jardin dès six heures et demie du matin, et là, assise auprès de votre petit rocher, sur le bord du petit bassin, tout en écoutant le babillage des oiseaux dans les branches, vous surveillerez l'apparition de votre Nymphœa qui sortira de son lit vers sept heures du matin environ, et dont la tige dépassera la surface de l'eau de plus de 8 centimètres à midi. Quand le soleil commence à décliner, vers quatre heures de l'après-midi, la fleur se referme, peu à peu la tige se retire, et quand la nuit sera arrivée, votre Nymphœa sera complétement rentré dans l'eau.

Je vous engage encore à cultiver dans la vase de votre petit bassin, la Macre ou Châtaigne d'eau, qui, tant que son développement n'est pas suffisant reste, ainsi que pendant l'hiver, cachée sous l'eau. Comme les Nénuphars, cette plante amène ses fleurs à la surface de l'eau et c'est là qu'elles s'épanouissent, « mais, dit M. Bocquillon, dans l'ouvrage que nous avons déjà cité, elles n'ont ni le pédoncule allongeable des premiers, ni la légèreté des seconds ; un autre procédé est mis en usage. Vers les mois de juin et de juillet, au moment de la floraison, les feuilles qui forment une rosette au sommet de la tige de la Macre présente un phénomène singulier. Leur queue ou pétiole se renfle en un point pour former une sorte de vessie pleine d'air. Dès lors, la rosette possédant une grande légèreté spécifique, devient un scaphandre qui monte à la surface de l'eau. Or, c'est à l'aisselle des feuilles en rosette que sont les fleurs ; ces dernières sont donc, par ce mécanisme, amenées dans l'air atmosphérique et devenues susceptibles de laisser s'opérer le rapprochement fécondant. Il est à peine effectué, que l'air s'échappe des vessies développées pour la circonstance et est remplacée par du mucilage. Dès lors, la partie émergée de la plante est devenue plus dense, incapable de surnager ; elle redescend sous l'eau et y mûrit ses fruits appelés communément Châtaignes d'eau. »

Je n'insisterai pas plus longuement sur les plantes aquatiques, celles que je viens de vous indiquer seront suffisantes et au delà pour orner votre bassin quelles que soient ses dimensions et il est même probable que toutes ne pourraient s'y développer simultanément.

Avoir un bassin et y cultiver des plantes aquatiques, voilà une occupation charmante et une distraction bien douce, mais votre bonheur sera complet si vous y mettez des poissons, surtout si vous savez les choisir et les soigner de façon à en tirer profit, c'est le meilleur moyen de joindre l'utile à l'agréable et si on éprouve un certain plaisir à voir les poissons se promener dans leurs humides habitations, il n'est pas non plus désagréable de les voir sur la table préparés par une habile cuisinière.

Vous choisirez tout d'abord le classique poisson rouge, ce n'est pas sans raison qu'on en met dans toutes les pièces d'eau, ses couleurs riches ne sont pas seulement ce qui leur vaut cette préférence, il faut que vous sachiez que ce sont les meilleurs instruments dont on puisse se servir pour purifier une eau qui coule lentement et dans laquelle des débris de végétaux et autres substances organiques entretiennent une décomposition constante et qui deviendrait rapidement funeste si le remède n'était pas à côté du mal. Or, les poissons rouges se nourrissant des infusoires et des milliers d'animalcules microscopiques qui, pour échapper à l'œil nu, n'en existent pas moins dans l'eau et suffisent à la nourriture de ses poissons. C'est ce qui vous explique pourquoi un poisson rouge placé dans un bocal où aucune nourriture ne lui est donnée et dont on change l'eau de temps en temps, n'en continue pas moins à vivre et à se développer, de telle sorte qu'ils utilisent pour leur nourriture tous ces petits êtres qui sans cela rendraient l'eau impropre à l'existence des poissons qui y séjournent.

Il ne suffit pas d'avoir des poissons rouges, ils ont à la vérité, comme je vous l'ai dit, leur utilité et leur agrément; mais je ne vous engage pas à les manger, leur saveur désagréable ou au moins peu accentuée, les met à l'abri de votre appétit, et il faut, si vous êtes icthyophage, peupler votre bassin au moyen d'autres espèces.

Dans ce but, vous choisirez parmi les poissons ceux qui se plaisent dans les eaux peu courantes : et parmi eux, la carpe et la tanche qui se contentent d'une eau presque stagnante, vous leur donnerez comme compagnes quelques loches; ces petits poissons ne le cèdent en rien comme qualité aux goujons, et vivent très-bien dans un bassin. Enfin, quoique l'écrevisse se plaise surtout dans les eaux courantes et sur un lit de cailloux, vous n'en mettrez pas moins quelques-unes dans le petit bassin, et pour peu que vous leur donniez quelques gros cailloux pour s'abriter, elles y reproduiront très-bien.

Je sais bien qu'une chose vous embarrasse encore, c'est la question de nourriture pour vos poissons et à ce sujet quelques conseils vous seront utiles. Ne prodiguez pas les morceaux de pain en trop grande quantité, parce qu'alors ceux qui ne sont pas dévorés par les poissons, se dissolvent dans l'eau et y deviennent une cause de putréfaction. Il est vrai que si vous avez des carpes, des tanches et des poissons rouges, vous ne pourrez faire différemment que de leur donner quelques morceaux de pain de temps à autre; mais à cet égard, je vous engage à une certaine parcimonie. D'un autre côté, si vous privez ces poissons voraces de toute nourriture, ils se rejetteront sur les poissons beaucoup plus petits et nuiront au peuplement de votre réservoir, sachez donc observer une juste mesure. Le pain n'est pas la seule nourriture qui convienne aux poissons, les vers de terre sont très-recherchés par les loches et par les écrevisses, les mouches constituent leur régal favori.

Il me reste à vous indiquer les moyens d'alimenter votre bassin, de façon à ce que l'eau suffisamment renouvelée ne puisse y croupir et devenir un foyer d'infection. S'il existe une source à portée de votre habitation et que vous en puissiez disposer, la question ne présente aucune difficulté; au moyen d'un caniveau vous faites arriver dans votre bassin l'eau de cette source, et le trop plein se déverse par un autre conduit qui le porte au dehors; ayez soin de placer à l'ouverture de chaque caniveau une petite grille pour empêcher le passage des poissons qui pourraient manifester le désir de se livrer à quelque pérégrination lointaine.

Mais il est malheureusement trop rare d'avoir un cours d'eau à sa disposition, et dans ce cas l'imagination doit suppléer à la nature. A la partie la plus élevée de votre jardin, établissez un réservoir aussi grand que vos moyens et l'étendue de votre jardin vous le permettront. Ce réservoir, que l'on peut construire soit en zinc, soit en bois, est placé sur une charpente ou sur un massif en maçonnerie qui l'exhausse encore et, pour le remplir d'eau, vous avez plusieurs moyens à votre disposition : vous y faites d'abord converger tous les tuyaux de gouttières de votre habitation, de manière à profiter des eaux de pluie et une pompe disposée dans ce but fait le restant. Quand la température n'est pas très-élevée, il vous suffira d'ouvrir le robinet de votre réservoir tous les matins, pendant un temps plus ou moins long. Selon l'étendue de votre bassin, l'essentiel est que l'eau qu'il contient soit à peu près complétement renouvelée, l'eau y arrive par un conduit dissimulé sous vos plates-bandes et qui est en communication avec le robinet du réservoir. En été, au contraire, pendant les fortes chaleurs, vous devez veiller au renouvellement constant de l'eau dans votre bassin, et pour cela vous ouvrez le robinet, mais pas complétement, vous ne laissez passer qu'un petit filet d'eau; de cette manière, l'eau fraîche arrive constamment au bassin et les poissons manifestent toute leur joie en venant humer à pleines branchies à l'embouchure du petit canal qui la leur apporte.

Je vous parlerai ultérieurement des plantes aquatiques d'appartement et de la pisciculture d'aquarium; avant de terminer ce chapitre, je dois vous donner quelques conseils au sujet de la tenue que vous devez donner pendant l'hiver à votre petit Jardin; mais je dois encore, au préalable, vous donner quelques avis pour le cas où vous désireriez avoir une tonnelle, ce qui est au moins très-supposable, puisque la tonnelle sera votre salle à manger, votre cabinet de lecture, votre salon, ou en un mot votre *buen retiro* en été.

Vous construirez d'abord la charpente de votre tonnelle avec du treillage en bois recouvert de deux bonnes couches de peinture verte, cette couleur étant en harmonie avec l'aspect général du jardin et formant un obstacle à la pourriture en préservant le bois du treillage contre l'humidité. Je n'ai que peu de chose à vous dire au point de vue de la forme de votre tonnelle, elle sera agencée selon votre goût et selon sa position; dans tous les cas, vous ne risquez rien de la faire haute et arrondie à son sommet en forme de dôme; cette forme se prête mieux à la disposition des plantes qui doivent la recouvrir et elle est aussi d'un effet plus gracieux. Une seule porte doit donner accès à votre treille, car un trop grand nombre d'ouvertures diminue d'autant l'espace réservé aux plantes qui doivent être en assez grand nombre si vous voulez qu'elles vous fournissent un rideau épais contre les ardeurs du soleil. Une fois votre treillage établi et la peinture bien desséchée, vous planterez tout autour, dans un sol labouré et fertilisé suffisamment, les plantes que vous aurez choisies. Le choix en est varié, mais, je vous recommanderai en première ligne, le Chèvrefeuille commun, si vous aimez son délicieux parfum, ou le Chèvrefeuille à fleurs rouges si vous préférez les couleurs éclatantes; dans tous les cas, vous pourrez en mettre un de chaque côté. Ces arbustes se plantent soit au commencement de l'hiver, soit dès les premiers jours de printemps.

Plantez également un pied de Jasmin des Açores, ce charmant arbuste est toujours vert et ses fleurs d'une blancheur éclatante, vous enivreront de leur parfum agréable pendant les chaleurs du mois d'août.

Parmi les Jasmins, je vous recommande encore le Jasmin jonquille, le Jasmin blanc qui résiste très-bien au froid et qui se couvre de fleurs du mois de juillet au mois d'octobre, et enfin le Jasmin de Virginie. Ce dernier convient tout spécialement à l'ornementation des tonnelles, en raison de la vigueur de sa végétation et de ses dispositions naturelles à grimper et à s'attacher aux objets qui l'environnent. Ses fleurs sont d'un très-beau rouge et il en fournit en grande quantité pendant les mois de juillet et d'août.

Les Clématites sont encore un des ornements indispensables de toute tonnelle, ce sont d'ailleurs de charmants arbrisseaux, prodigues de branches, de fleurs et de parfums ; la Clématite bicolore fleurit en juin et la Clématite azurée se couvre de fleurs bleues dès le mois de mai.

La Glycine de Chine est très-propre à garnir les tonnelles, vous connaissez ses longues grappes pendantes d'un beau bleu pâle et qui sont d'un si délicieux effet ornemental.

Si vous ne vous laissez pas effrayer par l'idée que vous serez obligé de rentrer les tubercules à l'automne pour les mettre dans un endroit sec, je vous engage aussi à cultiver pour votre tonnelle une plante à fleurs blanches, parfumées et disposées en épi qui grimpe facilement, c'est le Boussuigœultia baselloïde.

Deux sortes de Vignes vierges conviennent à l'ornement d'un berceau : la Vigne vierge de Russie et la Vigne vierge de nos pays, cette dernière donne des fleurs à l'automne, alors que tous les autres arbrisseaux perdent les leurs, à ce point de vue elle mérite d'attirer votre attention.

Elevez en pot un ou deux pieds d'Aristoloche à grandes feuilles, ses fleurs sont remarquables par leur couleur et par leur forme que l'on a comparée à celle d'une pipe.

Enfin, le Houblon ne sert pas seulement pour la fabrication de la bière, habilement cultivé et conduit, il garnit beaucoup un treillage, et ses fleurs, qui apparaissent aux mois de juillet et d'août, se marient très-bien avec celles des autres arbrisseaux.

Vous tapisserez l'intérieur de votre tonnelle avec plusieurs pieds de Lierre d'Irlande, et vous profiterez de la végétation vigoureuse des Capucines, des Volubilis, des Pois de senteur et Cobœas pour en orner votre massif qui sera ainsi transformée en un véritable bouquet de fleurs et de verdure.

Quand l'hiver et son escorte de frimas viendront interrompre la végétation de toutes ces petites merveilles de la nature, n'abandonnez pas pour cela votre jardin, vous pouvez encore en tirer parti au point de vue de l'ornementation. Ratissez d'abord vos allées, les herbes n'y repousseront pas avant le retour du printemps, donnez un labour partout pour enfouir les herbes parasites, cachez sous de la paille ou sous des paillassons les plantes qui craignent le froid. Balayez les feuilles mortes, en un mot, donnez à votre petit jardin sa toilette d'hiver. Rentrez les plantes qui ne pourraient supporter l'hiver et plantez celles qui s'accommodent bien de cette saison, les Hépatiques, par exemple, l'Hellebore rouge, les Perces-neige, le Houx panaché et toutes les plantes qui doivent fleurir les premières, quand le printemps reviendra, telles que : les Cinéraires, les Jacinthes, les Tulipes hâtives, les Violettes, l'Héliotrope d'hiver, les Crocus, les Chrysanthèmes, les Azalées, les Epacris, les Bruyères, les Pensées, les Primevères de Chine et le Lilas.

§ 4. — **Les Arbres fruitiers dans le petit Jardin.**

Si les fleurs ont leurs charmes, les arbres fruitiers ont aussi leur agrément et leur utilité, et selon que votre petit jardin sera entouré de murs, selon qu'il sera plus ou moins exposé au soleil, vous pourrez encore y cultiver quelques petits arbres fruitiers. Je n'ai pas besoin de vous dire qu'un mur bien blanc, exposé au midi ou au sud-ouest est dans de bonnes conditions pour recevoir des arbres fruitiers en espalier, ce sera la place que vous réserverez à vos Pêchers, que vous disposerez en cordons horizontaux, parce que cette forme convient mieux aux arbustes en raison de la manière dont il végète. Il faut que vous sachiez que le Pêcher a une grande prédisposition à porter sa sève vers son sommet, de telle sorte que la végétation est presque nulle à sa partie inférieure. Comme il ne faut pas trop contrarier cette disposition naturelle, vous dirigerez les branches dans une direction intermédiaire à la verticale et à l'horizontale. Le Pêcher n'est pas très-gourmand de terrain, vous en planterez autant de pieds que vous le pourrez en les mettant à tout au plus un mètre de distance les uns des autres, et si vous les soignez bien, je vous promets une ample provision de belles pêches, ne vous attachez pas trop surtout aux espèces hâtives, les espèces tardives vous donneront des fruits plus nombreux et plus succulents.

Au-dessous des appuis des fenêtres, il reste un espace encore assez considérable dont vous pouvez tirer parti en y plantant des Pommiers ou des Poiriers que vous disposerez en cordons horizontaux. Vous choisissez un bon terrain, et une fois qu'ils s'y sont implantés, ils ne demandent plus d'autres soins que d'être taillés.

Préférez-vous leur donner une direction verticale? Vos arbres fruitiers vous coûteront alors plus de soins, leurs racines plus avides ne se contenteront plus de la terre dans laquelle elles vivent, vous aurez à les arroser avec de l'eau mélangée à du crottin de cheval ou de mouton, sans cela ils resteront improductifs, vous voyez que tout cela est assez difficile et qu'avant de disposer des arbres fruitiers en cordons verticaux, il est bon d'y regarder à deux fois. Pour tailler tous ces arbustes, qu'ils soient dans une direction verticale ou dans une direction horizontale, vous n'avez qu'à les entretenir dans celle qui leur a été donnée par le pépiniériste.

Vous choisirez pour les Abricotiers, comme pour les Cerisiers et les Pruniers, un sol peu fertile, plus riche en pierres blanches et en débris de démolitions qu'en fumier; pour les Pommiers et les Poiriers, au contraire, une terre riche en engrais est ce qui leur convient le mieux.

Vous êtes à même de planter vos arbres à fruits autrement qu'en espalier, vous pouvez encore les planter en colonne ou en quenouille, c'est un excellent moyen d'avoir beaucoup de fruits. L'arbre en colonne est une tige verticale aussi haute que possible et sans aucun soutien, quelques horticulteurs lui donnent une longue perche pour tuteur, mais c'est là une précaution inutile quand votre jardin est entouré de murs qui le mettent à l'abri des grands vents. Plantez donc votre quenouille dans un sol bien fertile, assez profondément pour qu'elle puisse se soutenir elle-même, et taillez-la de telle sorte que les branches inférieures soient assez longues, tandis que celles du sommet seront très-courtes. Votre arbuste ainsi disposé se couvrira de fleurs de tous côtés et des fruits nombreux et savoureux vous récompenseront des soins que vous lui aurez prodigués.

Il n'est guère de fruits que vous ne puissiez récolter dans votre jardin, si petit qu'il soit, si vous savez tirer parti des ressources dont vous disposez. Je vous ai déjà parlé des Poiriers, des Pêchers, des Abricotiers, des Pommiers dont la culture est la même que celle des Poiriers et qui exige les mêmes soins, des Cerisiers et des Pruniers; mais ce n'est pas tout. En vous entretenant des arbustes que vous pouvez faire entrer dans la composition de vos massifs, je n'ai fait allusion qu'aux plantes d'ornement; mais il est d'autres arbustes d'un effet ornemental tout aussi pittoresque et qui joignent l'utile à l'agréable.

Pour vous citer les plus utiles, je vous parlerai tout d'abord du Framboisier, dont il existe deux variétés qui ne sont pas dépourvues de charme, le Framboisier à fruits rouges et le Framboisier à fruits blancs, dont les fruits délicieux ont un aspect agréable à l'œil et dont le feuillage d'un beau vert ne laisse pas que de produire un excellent effet dans un massif. Joignez-y quelques Groseilliers à fruits blancs ou rouges, un ou deux Cerisiers et vous aurez au milieu de votre massif des arbustes fruitiers qui vous rendront bien autant de services que des arbustes d'ornement, tout en vous offrant un aspect aussi agréable.

Enfin, je vous engage encore à profiter de tous les coins perdus de votre jardinet pour y cultiver les plus belles variétés de Fraises. Autour de votre bassin, autour de votre tonnelle, comme plante de bordure, vous serez toujours enchantée d'avoir choisi le Fraisier, son fruit n'est pas seulement délicieux, il est agréable à voir; il est peu de fleurs qui puissent rivaliser pour le parfum et la saveur avec une Fraise.

CHAPITRE VIII.

AQUARIUMS.

Aquarium d'eau douce. — Aquarium d'eau salée. — Greffe herbacée. — L'Océan sur le guéridon.

§ 1. — **Plantes aquatiques et Poissons d'Appartement. — Aquariums.**

Après la culture des fleurs sur votre balcon, sur votre terrasse, sur votre guéridon et jusque sur votre cheminée, ce sera pour vous le dernier mot de l'horticulture, si vous vous livrez dans votre appartement à la culture familière des plantes aquatiques et même à la pisciculture; j'ai déjà eu l'occasion à propos du bassin que l'on peut établir dans un petit jardin, de vous donner quelques renseignements sur certaines plantes aquatiques. Mais comme je m'adresse ici plus spécialement aux personnes qui ne disposent pas d'un pouce de terrain en dehors de leur appartement, j'insisterai surtout sur les plantes qu'il vous sera facile de cultiver dans un Aquarium et, certes, le nombre en est assez considérable et peut-être y trouverez-vous autant d'attrait que dans la culture des fleurs.

Il n'y a pas encore très-longtemps que l'usage des Aquariums s'est développé et a pris place parmi les distractions de notre époque, et pourtant c'est là une source de surprises et d'observations devant laquelle l'esprit le plus blasé ne peut rester indifférent.

§ 2. — Aquarium d'eau douce; plantes qu'on y peut cultiver.

Il existe plusieurs variétés d'Aquariums selon que l'espace dont on dispose est plus ou moins considérable; si votre salon le permet, car la place de l'Aquarium est bien dans le salon, vous aurez un Aquarium dont les quatre parois seront formées par quatre glaces transparentes, s'adaptant à des montants et dont les jointures seront enduites de mastic afin d'empê-

Aquarium.

cher l'eau de fuir. Cet Aquarium devra être placé à une certaine hauteur contre une fenêtre, de manière à ce que la lumière le traverse avant de pénétrer dans l'appartement. Vous comprenez combien cette recommandation a de l'importance, si votre Aquarium est ainsi disposé, pas un des végétaux qu'il renferme n'échappera à vos regards; vous suivrez les poissons les plus petits dans leurs pérégrinations fantaisistes à travers leur petit océan.

Le fond de l'Aquarium est en bois, en pierre ou en métal; choisissez de préférence un Aquarium à fond de pierre; sur le fond, on étale un enduit peu épais d'argile ou de terre glaise et sur cette couche on dispose un lit de sable de mer, ou à défaut de sable de mer, du sable ordinaire. Vous ne négligerez pas non plus d'y installer un petit rocher artificiel; si petit qu'il soit, il ornera votre Aquarium et ses crevasses donneront asile aux écrevisses ou autres animaux que vous aurez placés dans votre aquarium.

Je dois vous dire que si la disposition de votre appartement ne vous permet pas d'établir votre Aquarium auprès de la fenêtre, il ne faut pas pour cela vous désespérer, ayez une forte table en chêne massif, munie de quatre pieds; placez-la au milieu de votre appartement et sur cette table disposez votre Aquarium.

Voulez-vous un Aquarium plus petit. Mettez sur votre guéridon une petite caisse de verre dont les glaces ne dépassent pas plus de 80 centimètres de largeur et 40 à 45 centimètres de hauteur, cela vous coûtera peu et vous aurez encore une place suffisante pour un certain nombre de plantes et d'animaux.

Enfin, je ne puis négliger de vous indiquer l'Aquarium à cloche, le moins cher de tous, et qui a de plus l'avantage de n'exhaler aucune odeur, même quand l'eau n'est pas renouvelée, à cause du couvercle dont il est muni. Voici de quelle manière vous devez agir: achetez une cloche munie d'un pied suffisamment large et dont les bords évasés à leur sommet ne présentent pas plus de cinquante centimètres de diamètre. Au fond de cette cloche, disposez un lit de sable d'une épaisseur d'environ deux centimètres, sur ce lit de sable vous installez un vase de petite capacité dans lequel vous placez des Fougères, tandis que le sable donne asile aux racines de quelques autres petites plantes marines; remplissez d'eau votre petit Aquarium; mettez-y quelques petits poissons tels que les Savetiers ou Epinoches, les Vérons, etc., et, pour recouvrir le tout, prenez une cloche d'un diamètre un peu plus petit qui viendra s'adapter avec l'intérieur de la première, juste au niveau de l'eau. De cette façon vous aurez un petit vivier à peu de frais, et vous n'aurez pas à craindre la mauvaise odeur qu'il pourrait exhaler.

Ici, une question intéressante se présente, c'est celle du renouvellement de l'eau, condition nécessaire pour la santé des plantes et des animaux qui y sont contenus ainsi que pour empêcher la mauvaise odeur.

Cette question est plus facile à résoudre qu'elle ne le paraît au premier abord. Je suppose que vous êtes dans des conditions favorables; si l'eau est distribuée dans votre appartement au moyen de tuyaux de conduite qui vous la fournissent aussi abondante que vous le désirez, il suffira d'installer un tuyau, qui mettra en communication la conduite d'eau avec votre Aquarium; rien n'est plus facile.

Des tuyaux en plomb, semblables à ceux dont on se sert pour les conduites de gaz, s'adaptent très-bien à cet usage; ils ont l'immense avantage de pouvoir se plier facilement, de sorte qu'on peut les dissimuler dans tout leur parcours. Votre tuyau est muni d'un robinet, vous pouvez par ce moyen l'ouvrir plus ou moins, selon que cela sera nécessaire pour laisser passer une quantité d'eau en rapport avec les besoins de votre Aquarium. Un autre tuyau, placé à l'opposé du premier, recueille le trop plein de l'Aquarium et le porte au dehors, vous voyez que rien n'est plus facile que d'avoir une eau courante et que par ce procédé toute odeur désagréable est rendue impossible ; mais ce moyen est un peu dispendieux et alors il ne convient pas à tout le monde.

Si vous ne voulez pas faire les dépenses nécessaires à l'installation d'une conduite d'eau, contentez-vous chaque matin d'enlever de votre Aquarium une certaine quantité de l'eau qu'il contient, soit au moyen d'une grosse seringue, soit avec un vase ordinaire, ce qui est moins avantageux parce que vous produisez une perturbation dans la masse d'eau, et vous vous exposez en même temps à enlever quelque petit poisson égaré. Aussitôt l'eau enlevée, vous la remplacerez par une égale quantité d'eau fraîche, et de cette manière encore vous évitez les odeurs désagréables. En été, pendant les fortes chaleurs, vous ferez bien de renouveler cette opération matin et soir, parce que l'eau s'échauffant facilement finit par être préjudiciable aux poissons qui y séjournent.

Telles sont les précautions que vous aurez à prendre dans la construction et dans l'entretien de vos Aquariums; voyons maintenant quelles sont les plantes marines que vous y pouvez cultiver avec succès.

En première ligne, je vous indiquerai la Renoncule Bouton d'Or des eaux ; c'est une charmante plante dont il vous est bien facile de vous procurer des échantillons, car elle est extrêmement commune dans les petits ruisseaux, et vous pouvez en trouver autant que vous voudrez. Si vous êtes observateur, elle vous donnera une certaine distraction au moment de la maturité de ses fruits. A cette époque, en effet, les graines pures de la Renoncule d'eau se détachent de la tige, gagnent immédiatement le fond de l'eau et attendent sur le sable ou sur la vase le retour du printemps. Elles germent alors, et tandis que leurs racines s'enfoncent dans le sable, leur tige gagne la surface de l'eau, sous forme de longs filaments verts, qui s'élargissent et se transforment en feuilles de forme gracieuse, sous l'influence de l'air et du soleil; puis, bientôt des tiges de cinq centimètres de longueur s'élèvent au-dessus de l'eau, se couvrent de boutons et s'épanouissent.

Parmi les autres plantes que je vous recommande de cultiver dans votre Aquarium, je vous citerai la Vallisnérie spirale, dont j'ai déjà eu l'occasion de vous parler dans le chapitre précédent, l'Anacharsis alsistrum, le Ceratophyllum, la Sensitive d'eau, dont vous connaissez les propriétés singulières, le Myosotis des marais, l'Acorus calamus, la Sagittaire de Chine, le Butomus umbellatus, le Caltha des marais, le Lymnocharis de Humboldt, la Nymphœa pumila, le Thalia dealbata, la Villarsia nymphoïde, la Houtoupria corolata, l'Eriophorum et l'Aponogeton distachyum. L'avantage de la plupart de ces plantes est de ne pas acquérir de proportions considérables, et c'est surtout à ce point de vue qu'elles conviennent parfaitement à un Aquarium d'appartement. Vous savez que la Macre a l'avantage de purifier l'eau où elle vit et vous aurez soin d'en avoir au moins un pied.

Après vous avoir recommandé une autre plante, l'Hydrocharis pontederia, il ne me reste plus pour achever ce qui a rapport aux plantes d'eau douce qu'à vous parler de la culture du riz et de la greffe herbacée.

Placez au fond de votre Aquarium deux pots remplis de bonne terre de jardin, l'un contiendra un pied de Phalaris, c'est une espèce de roseau qui croît communément sur le bord des étangs, l'autre contiendra des grains de Riz sans écorce. Cette opérations doit être faite à l'automne, et après un séjour prolongé, au printemps, vous aurez la satisfaction de voir pousser votre Riz en même temps que le Phalaris entrera en pleine végétation. Quand ce dernier aura une tige suffisamment développée et quand les épis du Riz seront parfaitement formés, vous couperez une tige de Riz et une tige de Phalaris en choisissant pour cette petite opération, la place d'un nœud. Faites alors une entaille dans le nœud du Phalaris taillez en forme de biseau l'extrémité inférieure de la tige de riz, insérez-la dans la fente du Phalaris et pour la maintenir en place, faites autour de la tige une petite ligature au moyen d'un fil de laine, bien-

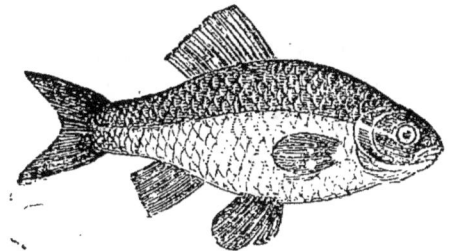

Cyprin.

tôt le tout se soudera, Riz et Phalaris ne formeront plus qu'une seule plante et vous aurez le plaisir de voir mûrir du riz dans votre appartement.

L'Aquarium, quand il est bien garni de plantes, offre déjà un coup d'œil agréable, mais pour que le charme soit complet, il y faut placer aussi des poissons. En premier lieu, le poisson rouge ou Cyprin, est celui qui convient le mieux; j'ai déjà eu l'occasion de vous dire qu'il n'était pas seulement agréable à la vue, mais qu'il avait aussi son utilité, celle d'assainir l'eau dans laquelle il vit, en se nourrissant des milliers de petits animaux et végétaux microscopiques dont la présence dans l'eau y provoque la putréfaction. Vous choisirez donc quelques Cyprins de moyenne taille et en quantité variable, selon les dimensions de votre Aquarium.

Après les Cyprins, un Aquarium qui se respecte doit donner asile à quelques Épinoches ou Savetiers. Ce petit poisson qui n'offre rien de particulier, au point de vue de la couleur et de l'éclat, n'en est pas moins digne de toutes vos sympathies, comme vous allez le voir. Il doit son nom de Savetier à deux piquants semblables à l'alène des cordonniers, ces deux pointes disposées de chaque côté de son abdomen, sont des armes défensives, il s'en sert pour

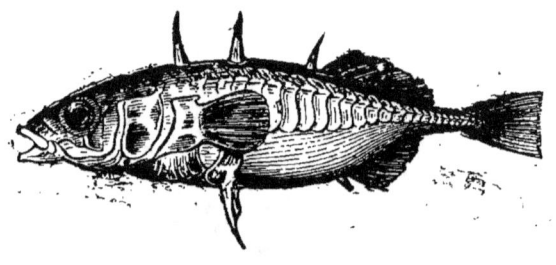

Épinoche.

défendre son foyer et sa famille, car l'Épinoche, il faut que vous le sachiez, a des mœurs patriarcales et ne mène pas la vie de bohème commune aux autres poissons. Au moment où la femelle du Savetier se trouve sur le point de pondre, vous la verrez en compagnie de son fidèle époux, se construire un nid avec les végétaux que vous aurez mis gracieusement à leur disposition ; ce nid, tout rond comme une sphère, est creux ; deux ouvertures y donnent accès, il est suspendu à une petite hauteur et soutenu par les tiges des plantes marines. La construction terminée, la femelle s'y retire pour y déposer ses œufs, et après la ponte, le père et la mère établissent une croisière autour du nid qui contient ce précieux dépôt et en défendent l'accès aux autres poissons, petits ou gros, qui pourraient se laisser allécher par l'espoir d'un bon repas. L'accès en est impossible, armés de leurs éperons, le Savetier et la Savetière, livrent combat acharné à tous les ennemis assez osés pour s'égarer du côté de leurs frontières et les éloignent. Ce n'est pas tout; les œufs sont éclos, les petits Savetiers vont faire leur apprentissage de la vie; plus que jamais ils sont exposés à la voracité des autres habitants et ils ont besoin d'être protégés contre eux, aussi, vous les verrez se promener en bataillon serré sous l'escorte du père et de la mère, qui ne les abandonneront à eux-mêmes, que lorsque leurs éperons suffisamment développés, les mettront à l'abri des attaques de leurs nombreux ennemis.

Ce qui précède, vous indique suffisamment que votre Aquarium ne laissera pas que de vous procurer de nombreuses distractions.

Comme vous aurez d'autant plus d'occasions de vous distraire que vous aurez de variétés parmi les habitants de votre Aquarium, vous y placerez quelques petites Tanches, des Vérons, des Lézards d'eau, des Tritons, quelques belles Écrevisses et vous aurez plaisir à étudier les mœurs de tout ce petit monde.

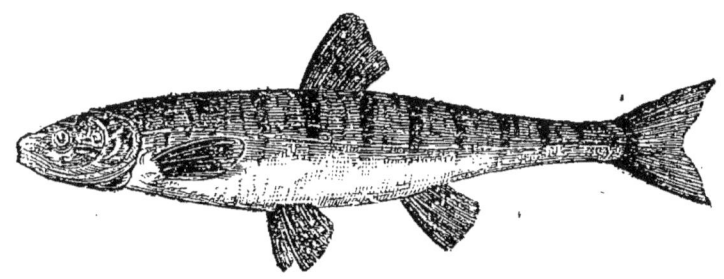

Le Véron.

§ 3. — Aquariums d'eau salée; plantes maritimes; Animaux marins.

La construction de l'Aquarium d'eau salée n'exige pas d'autres précautions que celles que je vous ai indiquées pour les Aquariums d'eau douce, ils ont l'avantage de ne pas exiger un renouvellement d'eau aussi fréquent, l'eau salée ne se prête pas aussi facilement que l'eau douce à la décomposition.

Au fond de votre Aquarium d'eau de mer, vous établirez un lit de sable, quelques petites roches couvertes de mousse, quelques galets rapportés d'une excursion sur les bords de l'Océan et quelques coquillages.

Une chose très-embarrassante à bon droit, c'est la question de l'eau de mer, il est difficile en effet de s'en procurer quand on habite l'intérieure des terres, mais à la rigueur, on peut s'en passer et les poissons comme les plantes de la mer, vivent très-bien dans une eau de mer artificielle dont nous donnons ci-dessous la recette d'après les indications de M. Gosse.

Eau de rivière non filtrée.	17 litres
Sel de cuisine.	420 grammes
Sulfate de magnésie.	30 »
Chlorure de potassium.	10 »
Chlorure de magnésium.	52 »

Vous voyez que cela n'est pas excessivement compliqué, vous pourrez toujours vous procurer très-facilement de l'eau de source ou de rivière, vous avez sous la main le sel de cuisine; quant aux autres substances, il vous est toujours aisé de vous les faire délivrer sans ordonnance chez votre pharmacien.

Un Aquarium a été rempli de cette eau artificielle, par M. Gosse, et pendant deux ans elle n'a présenté aucune trace de décomposition, mais il faut pour obtenir ce résultat, connaître quelles sont les plantes les plus propres à maintenir la salubrité de votre

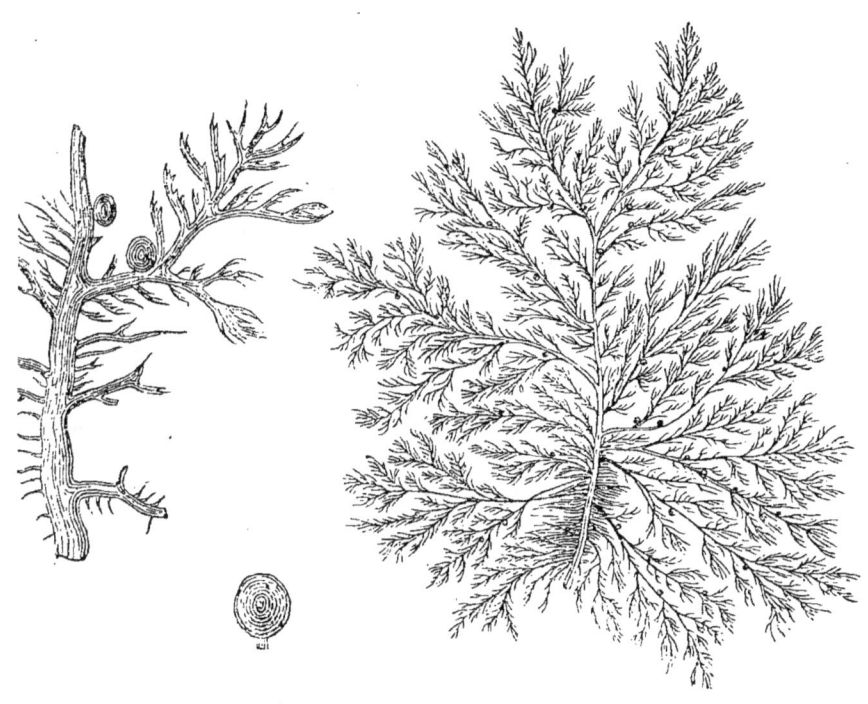

Le Varec.

petit océan, à ce sujet, je vais vous indiquer tout ce qui pourra vous être utile.

Les petits rochers que vous disposerez au fond de votre Aquarium, devront être recouverts de Mousse marine; dans le sable, vous planterez des Algues, en ayant soin de rejeter celles de ces plantes qui sont épaisses, et très-charnues, et qui ont pour effet d'envahir la plus grande partie de l'espace qui est à votre disposition ; parmi les algues que l'on ne doit pas choisir, je vous citerai en première ligne les Fucas.

Vous planterez aussi des Varechs, quelques Lanussaires, des Zostères, et pour empêcher l'eau de se corrompre, vous choisirez pour l'assainir continuellement les Cerammium, les Corrallines, les Conferves et les Ulves.

Lorsque tout est préparé du côté des végétaux, le moment est venu de songer à peupler votre océan en miniature, et là, vous avez vraiment le choix, par-dessus le lit de sable et de galets, vous éparpillerez un grand nombre de ces petits êtres marins qu'il est parfois si intéressant d'étudier : les Annélides, par exemple. Parmi les plus remarquables, je vous citerai les Phyllides, leur couleur verte à reflets métalliques, produit d'étranges effets au milieu d'un Aquarium bien éclairé ; les Néréides, les Eumicides ont aussi des couleurs du plus vif éclat. Ayez aussi deux ou trois Chenilles de mer ou Aphrodites, les longs poils qui les recouvrent et les enveloppent comme d'une fourrure, ont des reflets éclatants. Enfin, parmi les Annéides les plus remarquables, je vous citerai encore : les Pactinaires, dont la tête menaçante est armée d'un peigne doré, les Sabekles et les Serpules.

Parmi d'autres espèces, vous choisirez les Clios, les Vieilles de mer, les Etoiles de mer, les Actinies, les Sèches, les Sertutaires ; je n'en finirais pas s'il me fallait vous citer tous les êtres qui peuvent trouver place dans votre Aquarium maritime, je me contente de vous indiquer ceux qui sont les plus dignes de vos préférences.

Vous comprenez bien que par suite de l'évaporation qui s'opère d'une manière continuelle à la surface de votre Aquarium d'eau salée, la quantité de liquide venant à diminuer, il en résulte une augmentation dans la proportion des sels qui entrent dans la composition de l'eau de votre Aquarium ; ce changement plus ou moins considérable est très-préjudiciable aux animaux et aux plantes qui y vivent, aussi devez-vous prendre des précautions pour y remédier. Rien n'est plus facile : aussitôt que votre Aquarium est installé et rempli d'eau de mer, marquez exactement le niveau de l'eau sur l'une des parois de votre appareil, et toutes les semaines remplacez l'eau évaporée par de l'eau de rivière, jusqu'à ce que le liquide ait repris son niveau dans l'Aquarium. Sans cette précaution, vous vous exposerez à voir périr les plantes et les animaux ou au moins à les voir souffrir.

Je vous ai parlé précédemment des animaux que vous pouvez employer pour peupler votre Aquarium d'eau salée et, à cette occasion, je vous ai cité parmi les Annélides ceux qui sont les plus dignes de fixer votre attention, je vous indiquerai maintenant les Crustacés qui conviennent le mieux à votre petit Océan.

Procurez-vous deux ou trois Bernard-l'Ermite, c'est un des Crustacés les plus intéressants ; ce vagabond sans vergogne, dépourvu à sa partie postérieure d'une carapace assez solide pour le mettre à l'abri du choc des flots, ne se fait aucun cas de conscience de chasser de leur demeure les Natices, les Murex, les Buccins, pour se mettre à l'abri dans leur maison portative.

Rien ne vous est plus facile que de vous procurer des Homards, des Langoustes, des Crevettes, des Crabes bien vivants et qui continueront de croître dans l'eau salée.

Je vous citerai encore comme dignes de figurer parmi les colocataires de votre Aquarium, les Etoiles de mer, les Petoncles, les Oursins, les Moules et les Huîtres.

Quant aux poissons proprement dits, vous avez le choix et vous prendrez les plus délicats, tels que le Saumon, le Turbot, la Sole et tant d'autres que je ne vous nommerai pas ici, parce que la nomenclature en est beaucoup trop longue et parce que vous les connaissez tous.

Il résulte de tout ceci qu'il ne dépend que de vous de faire de votre appartement une petite merveille, en y réunissant ce que la création nous a donné de plus gracieux et de plus original dans le monde des végétaux et des animaux ; un Aquarium habilement disposé et peuplé est d'un effet aussi charmant que le jardin le mieux cultivé.

Bernard-l'Ermite.

CHAPITRE IX.

CONSERVATION DES VÉGÉTAUX.

Conservation des végétaux. — Embaumement des fleurs. — Caisses vitrées pour le transport des plantes. — Conservation des fruits. — Le Calendrier de Flore. — Précautions, soins et conseils pour la culture des fleurs suivant le mois de l'année.

§ 1. — Conservation des fleurs avec leur forme et leur couleur.

Il vous est arrivé bien souvent de désirer conserver certaines fleurs, soit que l'une d'elle vous rappelât un souvenir, soit que la beauté d'une autre vous ait frappée d'admiration ; les moyens de conservations des végétaux sont en effet bien peu connus et cependant ils méritent de l'être.

Deux savants de notre époque, MM. Bergat et Reveil ont donné un procédé qui a donné d'excellents résultats à tous les points de vue, et si les fleurs de couleur violette ou rouge se foncent un peu, il faut bien avouer que la différence est bien peu marquée entre ces nuances et les nuances primitives et que le procédé a un autre avantage, celui de conserver aux fleurs bleues, blanches ou jaunes, leur véritable nuance sans y apporter la moindre trace d'altération. Si vous voulez l'employer, voici de quelle manière vous devez agir :

Prenez 25 kilogrammes de grès que vous ferez pulvériser très-finement, tamisez-le de manière à avoir d'abord le sable le plus fin et rejetez les plus gros grains. Vous placerez ensuite ce sable finement broyé dans une large bassine en cuivre et vous le mettez sur un feu ardent, remuez constamment cette masse jusqu'à ce qu'elle soit portée à une température de 150 degrés centigrades. A ce moment vous y ajouterez, en mélangeant doucement, 20 grammes de spermaceti ou blanc de baleine et 20 grammes d'acide stéarique. Lorsque vous aurez jugé que le mélange est bien opéré, vous retirerez le tout du feu et si vous avez un vaste mortier à votre disposition, vous en profiterez pour travailler le tout pendant un certain temps afin que les corps gras dont je viens de vous parler se trouvent répartis également entre tous les grains de sable.

Prenez ensuite une caisse en bois blanc, bien sèche et de grandeur suffisante pour contenir les plantes que vous voulez embaumer, vous recouvrerez complétement le fond de la caisse au moyen d'une couche de sable dans laquelle vous planterez vos fleurs. Puis, peu à peu, vous verserez du sable en étalant les feuilles et les fleurs en leur donnant leur position naturelle au fur et à mesure que le sable arrive à leur niveau, lorsqu'elles sont complétement recouvertes, sans que le sable soit pressé, on introduit la caisse dans un four déjà refroidit, dont la température ne dépasse pas 50 degrés.

Lorsqu'on juge que la dessication est complète, on retire la caisse du four, on fait tomber tout doucement le sable en inclinant la caisse et en frappant sur ses parois des petits coups secs et la plante restée isolée vous apparait dans la même position et avec les mêmes couleurs qu'elle présentait quand vous l'avez couverte de sable.

Pour chasser la poussière qui adhère encore aux feuilles et aux fleurs, servez-vous d'une brosse à chapeau ou contentez-vous seulement de souffler pour enlever la poussière et votre fleur sera dans un état de propreté irréprochable.

Le procédé autrefois mis en usage pour l'embaumement des fleurs diffère de celui que je viens de vous indiquer en ce qu'on ne se servait que de sable pur, sans spermaceti et sans acide stéarique, aussi les résultats étaient-ils bien moins bons.

Le procédé ancien modifié diffère peu du précédent, il consiste à bien laver le sable, à le faire sécher, à y faire introduire les fleurs déjà desséchées elles-mêmes et à les soumettre à une température de 80° à 100° centigrades, mais les fleurs ainsi conservées perdent en grande partie leur éclat et leur consistance.

Le meilleur procédé est donc celui de MM. Bergot et Reveil, aussi nous croyons bien faire en vous le recommandant tout spécialement.

Il va sans dire, qu'il n'y a pas nécessité absolue d'employer une aussi grande quantité de sable, il suffit d'employer les substances nécessaires dans les proportions indiquées.

§ 2. — Transport des plantes à de grandes distances et leur conservation sans arrosages. — Les caisses Ward.

Au moyen de caisses en verre hermétiquement fermées, on peut transporter à de grandes distances un certain nombre de plantes sans qu'elles éprouvent d'altération.

Ces caisses sont encore d'une grande utilité pour les personnes seules qui aiment les fleurs, mais qui, s'absentant parfois longtemps et par conséquent ne pouvant arroser leurs fleurs aussi souvent que cela est nécessaire, ne pourraient demander aux plantes les distractions qu'elles en attendent. Au moyen de ces caisses, si elles sont faites d'une manière irréprochable, on peut conserver les fleurs un certain temps en ne les arrosant que lorsqu'on est à même de le faire.

Leur invention est due à un Anglais, M. Ward, qui leur a laissé son nom; elles sont en général longues de 90 centimètres à 1 mètre 10 centimètres, sur 10 à 15 centimètres de hauteur.

« Leur fond, dit M. Courtois-Gérard, ne doit pas poser sur le plancher, mais être élevé de quelques centimètres par les pieds que forment les quatre angles. Les deux petits côtés de cette caisse oblongue, taillés supérieurement en pignon aigu, supportent deux châssis vitrés formant un toit à deux versants. Les côtés et le fond sont construits en bois de chêne, ou en un autre bois très-solide, de 25 à 30 millimètres d'épaisseur, bien sec et bien assemblé à rainure, de manière à ne présenter aucun jour. Les châssis vitrés sont divisés par des traverses de 4 à 5 centimètres de large, qui s'étendent du bord supérieur au bord inférieur, et qui sont éloignés de 7 à 8 centimètres. Ces traverses à rainures, reçoivent les verres, qui doivent être épais et solides, fixés à recouvrements comme les tuiles d'un toit et bien mastiqués. L'un des châssis est assujetti d'une manière permanente sur un des côtés de la caisse; l'autre est fixé sur les autres côtés, et, à sa partie supérieure, sur le châssis opposé, au moyen de vis qu'on doit avoir l'attention de bien graisser en les mettant pour qu'elles ne rouillent pas dans le bois, et qu'elles soient faciles à retirer. »

Vous comprenez bien que l'humidité ne trouvant pas d'issue est concentrée entre les parois de la caisse vitrée et que c'est à cette condition que les fleurs enfermées doivent de pouvoir se passer d'arrosages. Toutes les jointures en sont mastiquées avec soin, il n'existe pas la moindre fissure en aucun endroit de leur charpente.

La terre que l'on y place doit être dans un bon état d'humidité et composée par parties égales de bonne terre de jardin et de terreau pur, elle doit former une couche de 15 à 18 centimètres.

Si vous vous servez d'une caisse de ce genre, n'y accumulez pas les plantes en quantité trop considérable, ayez soin de les enraciner dans cette boîte quelque temps avant de la fermer, attendez pour cela qu'elles soient bien reprises.

Parmi les plantes que vous pouvez expédier au loin ou cultiver chez vous après les avoir placées dans une caisse de ce genre, je vous citerai plus particulièrement la Maranta zebrinie, la Maranta eximia, la Colocasia metallica, la Colocasia odorata, le Dracaena, le Ficus elastica, le Phœnix dactylifère, les Fougères, le Colodium, les Lycopodes, le Poivre bétel et le Poivre noir, le Chamœrops excelsa.

§ 3. — Conservation des fruits.

Il est difficile de conserver longtemps des fruits à moins d'avoir pris des précautions spéciales à ce genre de conservation.

Plusieurs conditions sont nécessaires pour y parvenir, les plus importantes sont : 1° absence complète d'humidité ; 2° température constante, variant entre 8° et 10° centigrades ; 3° obscurité ; 4° pas de communication entre le fruitier et l'air extérieur; 5° fruits isolés les uns des autres.

L'humidité est ce qu'il y a de plus dangereux pour

les fruits ; c'est elle qui, la plupart du temps, détermine leur pourriture et qui a pour moindre inconvénient de leur communiquer une saveur désagréable.

Une température trop élevée ou trop basse, des changements trop fréquents sont presque aussi à craindre que l'humidité, aussi vous devez diriger tous vos efforts pour mettre votre fruitier à l'abri de ces inconvénients. Construisez-le en terre argileuse, mélangée de paille hâchée ; ce moyen a l'avantage d'être peu dispendieux et très-mauvais conducteur de la chaleur, aussi l'espace qui est circonscrit par des murs ainsi maçonnés est-il toujours à peu près au même niveau de température.

Les tablettes sur lesquelles on pose les fruits doivent être en bois très-sec ; l'habitude prise par quelques personnes de mettre sur ces planches un lit de foin ou de paille est très-mauvaise et a pour effet de favoriser la pourriture.

Deux fois par semaine au moins, visitez votre fruitier, faites la revue des fruits, sans y toucher ; mais si votre œil exercé vous signale sur l'un d'eux la moindre trace de pourriture, enlevez-le de suite de peur de favoriser le développement du mal chez les autres fruits.

Pour assurer à votre fruitier un état complet de sécheresse, vous pouvez disposer dans un coin une terrine remplie de chaux vive ; cette substance, très-avide d'eau, s'emparera de l'humidité du fruitier et vous n'aurez absolument rien à craindre de ce côté.

On conserve encore les fruits en les mettant couche par couche et en ménageant un intervalle entre eux dans des caisses remplies de cendres ou de sable bien desséché ; mais ce sont là des procédés qui laissent beaucoup à désirer et qui sont à peu près abandonnés de tout le monde.

§ 4. — **Le Calendrier de Flore.** — Précautions, soins et conseils pour la culture des fleurs suivant les mois de l'année.

JANVIER. — Renfermez vos fleurs dans un appartement maintenu à une température modérée, car le froid leur serait on ne peut plus dangereux.

La température à laquelle vous devez les exposer ne doit pas être inférieure à 10° centigrades, elle ne doit pas non plus dépasser 15° degrés centigrades.

Elles doivent être placées de telle sorte que la lumière du jour vienne les frapper directement; sans cette précaution, elles s'étioleront, donneront des feuilles sans vigueur et des fleurs misérables et sans parfum.

Renouvelez l'air de temps à autre si la température extérieure n'est pas trop basse, ouvrez les fenêtres de l'appartement pendant vingt minutes ou une demi-heure au plus, cela suffira pour vos plantes.

Arrosez et bassinez vos plantes tous les jours, mais en prenant des précautions; ainsi, ne perdez pas de vue que l'excès d'humidité est aussi préjudiciable que la trop grande sécheresse; avant d'arroser, tenez l'eau renfermée dans l'appartement pendant un temps suffisamment prolongé pour que la température soit au niveau de celle du milieu où sont placées les fleurs.

Ne vous risquez pas à faire des semis, quelles que soient les conditions du terrain auquel vous voudrez confier vos graines, vous vous exposeriez à les voir succomber sous le froid, malgré la facilité avec laquelle elles auront germé et poussé pendant quelques jours.

FÉVRIER.— Mettez sur votre balcon ou sur votre

terrasse, quelque temps qu'il fasse, vos Violettes, vos Pâquerettes, les Perce-Neiges, les Ellébores et les Hépatiques ; aucune de ces fleurs ne craint le froid, et plusieurs d'entre elles s'épanouissent malgré les rigueurs de la saison.

Si le temps le permet, le Soleil ayant une plus grande force de chaleur, profitez des quelques rayons qu'il vous enverra pour ouvrir les fenêtres de votre appartement et pour exposer à ses regards bienfaisants les fleurs que vous tenez renfermées ; mais aussitôt qu'il s'est retiré de votre fenêtre, rentrez les fleurs sans perdre de temps, fermez les fenêtres et maintenez une bonne température.

Vous ne devez pas ouvrir ni le matin, ni le soir, ces deux moments de la journée sont les plus funestes aux plantes que le moindre refroidissement peut tuer ; or, à ce moment le froid est des plus rigoureux.

Ne renouvelez pas l'air de l'appartement, pour peu que le temps soit brumeux ou couvert.

Arrosez en prenant les précautions indiquées pour les arrosages au mois de janvier, c'est-à-dire avec de l'eau dégourdie dans l'appartement où vous l'aurez laissée séjourner.

Prenez une petite binette au moyen de laquelle vous donnerez un petit labour à la terre, tout autour de vos plantes pour l'empêcher de trop se tasser, ce qui nuit à l'absorption de ses racines et à leur développement.

Ne négligez pas le bassinage des feuilles, comme à toute autre époque de l'année, il est favorable à la végétation en favorisant la respiration qui se trouverait entravée par la présence de la poussière si on négligeait les soins de propreté.

Faites quelques semis : la Giroflée quarantaine, la Pervenche de Madagascar, la Julienne de Mahon semées sur couche vous donneront de bons résultats.

Vous confierez à une bonne terre composée par parties égales de terreau pur, de bonne terre de potager et de terre de bruyère, les graines de Réséda, de Coquelicot, de Pavot, de Silène rouge et de Silène à fleurs pendantes.

MARS. — Le moment est venu de donner fréquemment de l'air à vos fleurs et de ne point négliger les bassinages, car à ce moment la respiration des plantes va entrer en pleine phase d'activité. Cependant, n'ouvrez les fenêtres qu'autant que vous serez assuré que la température est modérée; fermez-les de bonne heure, n'arrosez que le matin avec de l'eau qui aura séjourné pendant toute la nuit dans l'appartement.

Au mois de mars, les rayons du soleil ont acquis une force déjà considérable, aussi vous n'exposerez pas vos fleurs à cette source de chaleur trop intense, vous prendrez quelques précautions, car, vous le savez, un brusque changement de température, soit en froid, soit en chaud, est contraire à l'habitude physiologique des végétaux.

Achetez vos plantes vivaces et soignez-les avec d'autant plus de délicatesse qu'elles seront moins avancées.

Dans le mois de mars, vous avez de nombreux semis à faire, et c'est la place bien plus que le choix qui vous fera défaut.

Vous sèmerez sur couche les graines de fleurs suivantes: l'Ageratum du Mexique, l'Acrochinium rose, les Giroflées quarantaines, les Cobœas que vous mettrez en pleine terre à la fin d'avril, la Stramoine fastueuse, la Stramoine cornue, le Centrauthus macrosiphon, l'Anegalle à grandes fleurs, le

Chrysanthème tricolore et le Chrysanthème Turridgeanum, la Discipline de religieuse, connue aussi sous le nom de Queue de renard, l'Amarante purpurine, le Pétunia hybride, le Zuinia élégant, les Roses trémières de Chine, les Reines-Marguerites, la Verveine hybride, la Verveine à feuilles rugueuses, la Verveine de Miquelon, les Phlox subulata et de Drummond, le Morna élégant dont les fleurs se conservent comme celles de l'Immortelle jaune, le Brachycome, le Leptosiphon à fleurs serrées et le Leptosiphon androsaiens, la Lobélia rameuse, la Lobélia erinus, la Portulaca à grandes fleurs, le Rhodanthe manglesi, le Taget lucide.

Les Volubilis, les Capucines, les Haricots d'Espagne, les Pois de senteur seront semés en pleine terre.

Vous sèmerez en place, la Julienne de Mahon, la Nemophile à tache et la Nemophile remarquable, l'Escholtzin de la Californie, la Nigelle, le Pavot, la Mauve de Lavater, le Réséda, Pied d'alouette, l'Erysunium de Petrowski, le Souci de Trianon, le Coquelicot, l'Anothère, la Belle de jour, la Centaurée bleuet, l'Adonide, l'Eutoca viscide, la Gilia tricolore, la Crépide rose, la Violette des quatre saisons, le Thlaspi (variétés blanche et violette), la Giroflée jaune, la Silène pendula, le Muflier et les Coreopsis élégants et de Drummond.

AVRIL. — Si vous achetez des fleurs au marché, n'oubliez pas que sortant de châssis ou de serre, elles craignent encore les matinées et les soirées trop fraîches et surtout les gelées blanches ; vous devez donc les tenir dehors pendant le jour pour qu'elles profitent des bienfaits de la chaleur solaire, et les rentrer le soir aussitôt que le soleil se couche ;

arrosez-les le matin avec de l'eau dégourdie. Si une pluie fine et tiède vient à tomber dans la journée; mettez-les dehors pour qu'elles en profitent, sinon ayez soin de les bassiner pour que la poussière ne s'accumule pas sur leurs feuilles.

Semez en place ou en pépinière les Œillets de l'Inde et de la Chine, les Giroflées quarantaines, les Choræopsis, les Roses d'Inde, les Reines-Marguerites, les Zinnias élégants, les Violettes des Quatre-Saisons, les Thlaspis violet et blanc, les Muffliers, les Silènes pendula, les Chrysanthèmes à carène, la Scabieuse, la Calandrinia à grandes fleurs, la Portulaca à grandes fleurs, le Peutstemon gentianoïde.

Les Clarkia pulchella et élégants, le Lin à fleurs rouges, les Volubilis, les Haricots d'Espagne, les Pois de senteur, le Souci de Trianon, la Belle de jour, la Belle de nuit, le Réséda, le Phlox de Drummond, le Ricin écarlate, la Nemophile tachetée, la Nemophile remarquable, les Leptosiphons à fleurs serrées et andraoscent, la Julienne de Mahon, l'Œnothore, le Crépis rose, les diverses variétés de Gilia, l'Immortelle annuelle, l'Ulysse maritime, l'Adonide d'été, la Bartonide dorée, la Campanule miroir, la Collinsia bicolore, la Cynoglosse à feuilles de Lin, se sèment en place pendant le mois d'avril.

Dans ce mois, vous sèmerez sur couche : les Cobæas, les Balsamines, les Podolepis gracilis, les Pétunias hybrides, l'Oxalide rose, l'Amarante et l'Amarantoïde, la Stramoine fastueuse, la Lobélie rameuse et crinus, les Cuphæas, l'Anagallis à grandes fleurs, les Courges, l'Immortelle à bractées, la Ficoïde tricolore, les Thunbergine, les Mimilas, le Seneçon indien, la Verveine aubletée et hybride.

MAI. — Malgré la douceur de la température ne

vous hasardez pas trop à mettre dehors toutes vos plantes de serre, gardez dans l'appartement les plus délicates, mais ne les laissez pas sans air surtout pendant la nuit.

Arrosez le matin et bassinez les feuilles si vous ne pouvez profiter d'une pluie.

Si le soleil est trop ardent, préservez vos fleurs contre les rayons du midi au moyen d'un écran peu épais.

Rempotez vos Rosiers sans toucher à la racine s'ils sont couverts de boutons, mettez-les en pleine terre si vous jugez à propos.

Les Géraniums, les Hortensias, les Verveines, les Pétunias, les Héliotropes, comme les Rosiers, gagnent à être mis en pleine terre à cette époque de l'année et vous prodiguent leurs fleurs jusqu'à la fin de l'automne.

Semez en pépinière les graines suivantes : Thlaspis violet et blanc, Centhrauthus macrosiphon, Pottulaca à grandes fleurs, Reines-Marguerites, Ricin écarlate, Chrysanthème à carènes, Balsamines, Œillets de Chine.

Vous sèmerez en place la Witlavine à grandes fleurs, l'Ulysse maritime, la Belle de jour, les Courges, la Crépide rose, l'Eucharisium à grandes fleurs, les diverses variétés de Gilia, la Gipsophile élégante, le Leptosiphon à fleurs serrées, les Volubilis, les Pois de senteur, le Haricot d'Espagne, les Cobæas, les Nemophiles, la Phacelia tanacetifolia et la Phacelia congesta, le Ricin écarlate, le Réséda, le Souci de Trianon, les Thunbergia, le Phlox de Drummond, l'Oxalide rose, la Cynoglosse à feuilles de Lin, la Clarkia élégante et la Clarkia pulchella et la Julienne de Mahon.

JUIN. — Arrosez tous les matins vos plantes en pot et mettez-les à l'abri du soleil trop ardent de midi; le soir, bassinez-les avec un arrosoir à pompe.

Si vous dépotez des fleurs pour les mettre en pleine terre, mettez-les pendant quelques instants avec la terre qui couvre leurs racines dans un peu d'eau; arrosez avant de les planter le trou dans lequel vous devez les placer et plantez-les de préférence le soir.

Si la chaleur est trop ardente, mettez chaque pot dans une assiette remplie d'eau afin d'entretenir les racines dans un état d'humidité constante.

Semez en pépinière pour les planter l'année suivante : les Primevères de jardin, l'Ancolie, la Corbeille d'Or, la Giroflée Coquardeau, la Grosse Giroflée, les Campanules, l'Œillet de Poëte, la Valériane rouge, la Croix de Jérusalem, les Roses trémières, la Violette des Quatre-Saisons, la Digitale, la Coquelourde, le Pied d'Alouette vivace et le Lin vivace.

Vous pouvez semer en place les plantes annuelles suivantes : le Souci de Trianon, la Crépide rose, les Nemophiles, le Centrauthus macrosiphon, la Belle de Jour, le Thlaspi blanc, les variétés de Gilia, l'Œnothère, l'Alysse maritime, le Réséda, la Viscaria ocellata, l'Oxalide rose, le Phlox de Drummond, la Julienne de Mahon, et le Chrysanthème à carène.

JUILLET. — C'est à cette époque de l'année surtout que vous achèterez des fleurs, car elles sont en quantité considérable sur tous les marchés; gardez-vous de les rempoter, à moins qu'elles ne soient défleuries, autrement vous risquez de les faire mourir. Voulez-vous les mettre en pleine terre? Enterrez le pot qui les contient en même temps qu'elles, et si enfin vous voulez les dépoter, faites-le avec les plus grandes précautions, ne dérangez en rien leurs racines, ni la terre qui les entoure, et déposez-les doucement dans le trou disposé en pleine terre pour les recevoir.

C'est surtout le soir que ces transplantations doivent se faire ; le trou doit être arrosé avant de recevoir les plantes, à moins que la terre soit déjà très-humide. Cependant, la transplantation achevée, un léger arrosage est toujours nécessaire et hâte d'ailleurs la reprise des racines. Pendant quelques jours, vous arroserez le matin et vous bassinerez le soir, suivant les procédés indiqués.

Semez en place les plantes suivantes qui fleuriront en Octobre : le Phlox de Drammond, l'Alysse maritime, la Portulaca à grandes fleurs, le Thlaspi blanc, la Crépide rose, l'Eutoca viscida, la Julienne de Mahon, le Chrysanthème à Carène, le Cocalia souchifalio, les Némophiles, le Souci de Trianon, le Réséda, le Collinsia bicolore.

AOUT. — Il y a peu d'observations à faire pour le mois d'Août ; abriter vos fleurs entre les rayons trop ardents du soleil, les arroser un peu plus fréquemment et les bassiner tous les soirs, telles sont les précautions que vous devez prendre et le but vers lequel doivent tendre tous vos efforts.

Quant aux rempotages, je ne puis que vous renvoyer aux indications que je vous donne à ce sujet pour les mois de juin et de juillet.

Que reste-t-il à semer ? peu de graines ; quelques Pensées pour le printemps, la Julienne de Mahon, la Collinsia bicolore, les Nemophiles, les Soucis de Trianon, les Violettes des Quatre-Saisons, le Chrysanthème à Carène.

Pendant les mois de Juin, de Juillet, d'Août et pendant le mois de Septembre, vous devez sarcler, biner et donner des labours fréquents pour détruire les mauvaises plantes et favoriser l'accès de l'air dans le sein de la terre. Remplacez aussi au fur et à mesure de leur épuisement toutes les plantes annuelles qui, leur végétation terminée, ne sont plus bonnes qu'à jeter aux ordures.

SEPTEMBRE. — Le moment est venu de songer à votre culture d'appartement; faites votre choix d'oignons, placez-les dans la mousse humide, dans les carafes, dans les vases à suspension; ayez un grand nombre de Crocus et commencez vos plantations.

Dans la dernière quinzaine de Septembre, plantez les Soleils d'Or ou mettez-les dans une carafe; les Narcisses de Turquie demandent la même culture, les Jacinthes hâtives.

Il est également temps de semer les graines suivantes qu'on laissera en place pour avoir des fleurs au printemps :

La Silène à fleurs pendantes, les Mufliers, les Œillets de Chine, les Thlaspis violet et blanc, les Œnotharis, les variétés de Gilia, l'Œnothère rouge, la Clarkia pulchella, l'Alysse maritime, la Centaurée musc, les Pensées, l'Immortelle annuelle, les Nemophiles maculata et insignis, la Campanule miroir, la Crepide rose, la Saponaise de Calabre, la Scabieuse de jardin, l'Adonide d'été, la Centaurée bleuet, la Collinsia bicolore, le Cynoglosse à feuilles de lin, la Coreopsis tinctoriale, la Julienne de Mahon.

OCTOBRE. — Pour peu que le temps semble disposé à la gelée, rentrez dans votre appartement vos plantes les plus délicates; laissez-les profiter des derniers beaux jours, mais ne laissez pas dehors pendant la nuit. Quand vous les tiendrez enfermées, tâchez toujours qu'elles reçoivent autant de lumière que cela sera possible.

La végétation se ralentissant d'une part, la sécheresse et la chaleur, d'un autre côté, étant beaucoup moins considérables, n'arrosez plus en quantité aussi considérable, continuez de bassiner les feuilles avec un arrosoir à pompe; donnez un petit labour à la terre.

Continuez la culture de vos fleurs d'appartement, Oignons de Narcisses, de Tulipes, de Jacinthes ou de Crocus.

Semez en place pour avoir des fleurs au printemps des graines de Gilia capitata, Centaurée musc, Centaurée bleuet, Nigilles, Julienne de Mahon, Coquelicot, Adonide d'été, Némephiles maculata et insignis, Cynoglosse à feuilles de lin, Clarkia pulchella, Pied d'alouette et Pavot.

NOVEMBRE. — Toutes vos fleurs doivent être rentrées; seules, les Reines-Marguerites et les Chrysanthèmes peuvent encore supporter la température.

Tenez vos fleurs dans un appartement à la température de 10° à 15° centigrades, ou dans une serre; renouvelez l'air, si le froid n'est pas trop considérable; maintenez la terre dans un état d'humidité modérée au moyen d'arrosages sobres et faits avec de l'eau à la température de l'appartement.

Pendant que vos fleurs sont enfermées, plus qu'à tout autre moment, le bassinage des feuilles est devenu absolument nécessaire à cause de la poussière qui flotte constamment dans les appartements.

Placez toujours vos plantes aussi près que possible de la fenêtre pour qu'elles reçoivent de la lumière, sans que cela cependant ne les éloigne trop du foyer de chaleur.

Sarclez, binez et labourez votre terrain.

Semez, il en est temps encore, des Nigelles, des Pieds d'alouette, des Juliennes de Mahon, des Pavots, des Coquelicots.

DÉCEMBRE. — Voilà pour l'amateur de fleurs le plus triste mois de l'année : plus de fleurs sur le balcon à l'exception de l'Ellébore, du Perce-Neige et du Houx. Consolez-vous en donnant vos soins les plus assidus à vos fleurs d'appartement; tenez-les à une température suffisamment élevée et aussi constante que possible. Arrosez-les suivant les besoins ; tenez leurs feuilles dans un état de propreté absolue et renouvelez l'air quand cela sera possible.

Soignez vos semis, veillez au bon état des châssis, tenez votre petit jardin, si vous en avez un, dans un bon état de propreté et préparez les engrais et le terreau qui vous seront nécessaires pour votre culture quand le printemps sera revenu.

CHAPITRE X.

VOCABULAIRE

DES PRINCIPAUX TERMES DE BOTANIQUE.

Acotylédon. Dépourvu de cotylédon (*Voyez* ce mot.)

Acuminé. Feuille acuminée, feuille se terminant en une pointe allongée.

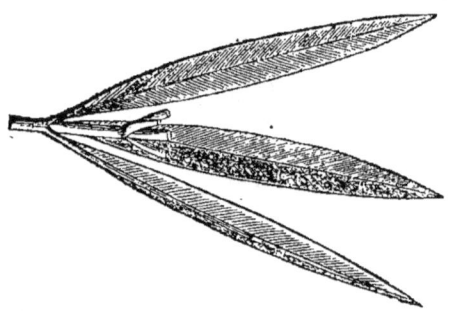

Adventif (Bouton). Bouton qui naît ailleurs que dans l'aisselle d'une feuille.

Aigrette. Plumet soyeux surmontant certaines graines.

Aile. Portion de la corolle d'une fleur papilionacée.

Ailée (Feuille). Composée de plusieurs folioles; elle est avec *impaire* quand une seule la termine; sans impaire dans le cas opposé.

Ailée avec impaire.

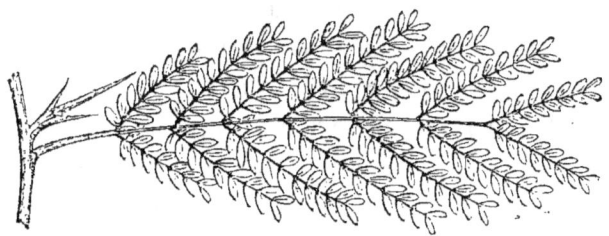

Ailée sans impaire.

ALTERNES. Rameaux ou feuilles placés alternativement ou inégalement des deux côtés d'une branche ou d'une tige.

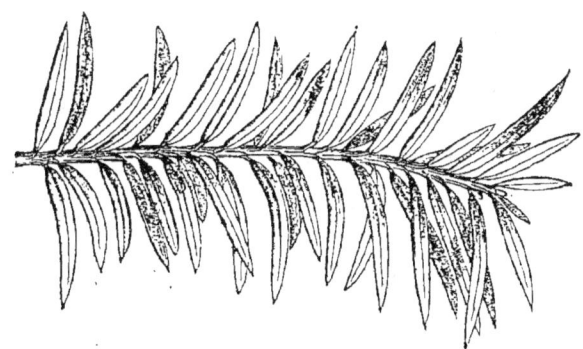

AMPLEXICAULE. Feuille dont la base embrasse la tige.

190 VOCABULAIRE

Anthère. Capsule de l'étamine, renfermant le *pollen*, ou poussière fécondante.

Apétale. Fleur dépourvue de pétales, et par conséquent sans corolle.

Articulé. Une tige, une racine sont articulées, lorsqu'elles sont garnies de nœuds placés de distance en distance.

Axillaire. Qui part de l'aisselle ; une fleur axillaire est celle qui sort de l'aisselle d'une feuille.

Bacciforme. En forme de baie.

Baie. Fruit mou et pulpeux, renfermant des semences, tel que la groseille ou le raisin.

Bifide. Fendu profondément en deux.

Bifurqué. Qui se divise en deux branches ou rameaux ; le point de la séparation se nomme *bifurcation*.

Bilobé. Divisé en deux lobes.

Biloculaire. Qui a deux loges.

Binée, ternée, quaternée, quinée. Se dit d'une feuille, lorsque le pétiole commun porte deux, trois, quatre ou cinq folioles insérées sur le même point en manière de digitation.

Bipenné. (*Voyez* Penné.)

Biternées, triternées. Feuille dont le pétiole se divise en deux ou trois parties, chacune desquelles se divise encore, à son tour, de la même manière.

Bourgeons. Principes des feuilles et tiges.

Boutons. C'est l'origine du bourgeon ; il y a des boutons à fleurs, des boutons à feuilles et des boutons mixtes, c'est-à-dire à feuilles et à fleurs.

BRACTÉES. Petites feuilles souvent colorées, qui accompagnent la fleur sans en faire partie.

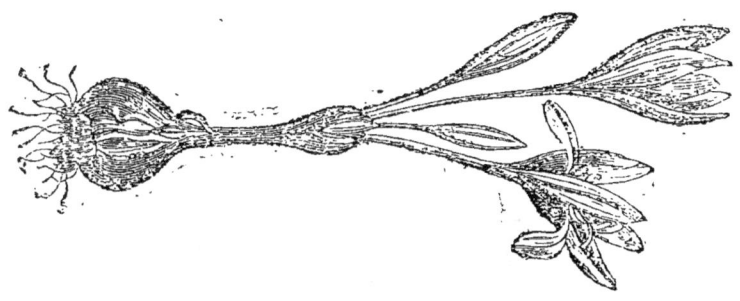

BULBIFÈRE. Qui produit des bulbes dans l'aisselle des feuilles ou dans les articulations des tiges.

BULBILLE. Petit bourgeon solide ou écailleux naissant dans les plantes bulbeuses, soit à l'aisselle des feuilles, soit au sein des fleurs.

CADUC. On désigne par le nom de caduc les parties de la fleur qui tombent dès qu'elles ont rempli leur destination ; ainsi des pétales, des étamines, etc., sont caducs lorsqu'ils tombent dès que l'ovaire de la fleur est fécondé.

CAÏEU. Petit bulbe ou oignon, se formant sur le côté de l'oignon mère.

CALICE. Enveloppe extérieure, renfermant la corolle ou les organes sexuels de la fleur; quelquefois elle est colorée, mais le plus souvent elle est de couleur verte. Dans certaines plantes, telles que les liliacées, le calice coloré remplace la corolle qui manque.

CALICULÉ (Calice). Lorsqu'il porte à sa base de petites écailles formant un second calice.

CAMPANULÉE (Corolle). En forme de cloche.

CANALICULÉ. Se dit d'une feuille, d'un pétale marqué d'un sillon longitudinal et profond.

CAPSULE. Fruit contenant des semences dans une

enveloppe sèche, appelée *péricarpe*. Une capsule contient une ou plusieurs loges.

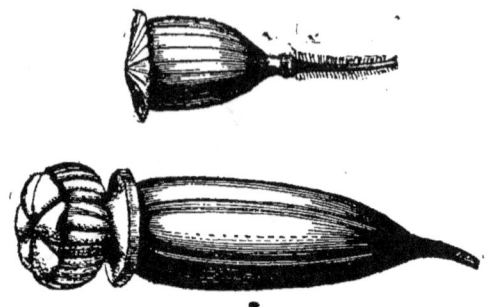

Chaton. Le chaton est formé par une espèce d'axe ou filet, imitant en quelque sorte la queue d'un chat, et environné, dans toute sa longueur, d'un amas de petites fleurs ordinairement unisexuelles. Ces fleurs sont presque toujours dépourvues de corolle et de calice, mais le chaton qui les porte est garni d'écailles qui y suppléent.

Coadnées. Se dit de deux feuilles soudées en une seule, comme dans le chèvrefeuille.

Collerette ou Involucre. C'est une espèce d'enveloppe qui environne une ou plusieurs fleurs, mais qui est toujours placée à quelque distance de ces fleurs.

Collet. Espèce de nœud placé entre la racine et la tige et par lequel elles sont réunies.

Composée (Fleur). C'est celle qui est formée de la réunion de plusieurs petites fleurs particulières, disposées toutes sur le même réceptacle, et ordinairement environnées par un calice commun.

Cône. C'est un composé d'écailles ligneuses fixées par leur base sur un axe commun et se recouvrant par gradation; sous chacune de ces écailles sont une ou deux semences; exemple, la pomme de Pin.

Conné (*Voyez* Coadnées).

Coque. Péricarpe ou enveloppe de semence, membraneuse, s'ouvrant d'un seul côté et contenant des semences libres.

Cordiforme. En forme de cœur.

Corolle. Enveloppe florale.

Corymbe. Sorte d'ombelle, dont les rayons ou pédicules ne partent pas d'un centre commun, quoique les fleurs arrivent toutes à une même hauteur.

Cotylédons. Lobes séminaux ou feuilles séminales. Ce sont les deux parties, appliquées l'une contre l'autre, de la plupart des semences. Ces corps charnus tiennent par un point commun placé tantôt latéralement, tantôt vers leurs extrémités, et auquel aboutissent des vaisseaux nombreux. Il y a des semences, telles que celles des liliacées, des graminées, des palmiers, qui n'ont qu'un seul lobe.

Crénelées (Feuilles). A bords divisés en dents.

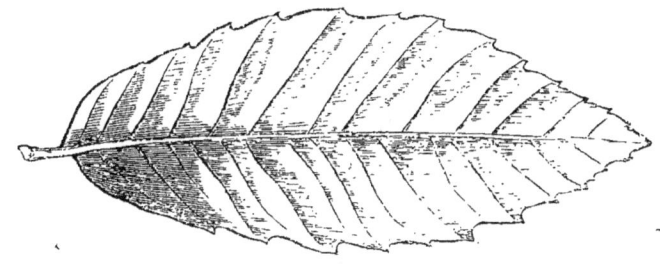

Crucifère. Corolle disposée en forme de croix.

Cryptogamie. Ce mot, qui signifie *noces cachées*, indique une classe de plantes dépourvues de fleurs: telles que les champignons, les mousses, les fougères, etc.

Cunéiforme (Feuille). En forme de coin.

Décurrentes. Se dit des feuilles, lorsque leur base se prolonge sur la tige ou sur les rameaux, et y laisse une ou plusieurs saillies courantes en forme d'ailes.

Demi-fleurons. Petites fleurs irrégulières, dont un côté du tube se prolonge en languette.

Demi-flosculeuse. Corolle abondante en demi-fleurons.

Dichotome. Se dit des branches et des rameaux qui se subdivisent toujours en deux.

Diclines. Les plantes diclines sont celles dont les organes mâles et femelles ne sont pas réunis dans la même fleur.

Dycotylédone. Plante dont la semence a deux lobes.

Digitée. Feuille imitant pour ses découpures les doigts de la main.

Dioïque. Ce mot désigne les plantes dont les fleurs femelles se trouvent sur un individu et les fleurs mâles sur un autre.

Divariqué. Se dit des rameaux étendus et écartés de la tige.

Drageons ou Rejets. Branches enracinées qui tiennent au pied de l'arbre.

Embryon ou Plantule. C'est le germe de la plante qui est comme emboîté dans les cotylédons. Il se divise en deux parties, la *radicule* et la *plumule*.

Engainées. Se dit des feuilles, lorsque leur base forme une espèce de tuyau qui entoure la tige en manière de gaîne (les graminées).

Ensiforme. Feuille longue et étroite en forme d'épée.

Éperon. Prolongement corniforme, placé à la base de la corolle. (Capucine, Pied d'alouette, etc.).

Épi. Fleur attachée immédiatement sur un axe ou pédoncule commun.

Épigynes. Se dit de la corolle d'un calice ou des étamines portées sur l'ovaire ou sur le pistil.

Espèce. En botanique, ce mot désigne une plante

dont les semences reproduisent constamment la même plante, sauf des différences de forme et de couleur qui sont peu constantes et qui n'altèrent pas les caractères essentiels de l'espèce. (*Voyez* GENRE). Ces différences constituent les *variétés*.

ÉTAMINE. Organe mâle de la fleur.

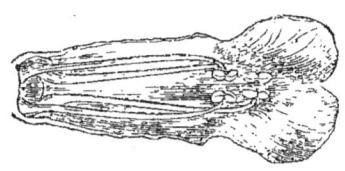

ÉTENDARD OU PAVILLON. (*Voyez* PAPILIONACÉE).

ÉTIOLÉ. Se dit des plantes qui, privées de lumière, perdent leur coloration.

FAMILLE. Groupe de plantes réunies par des rapports naturels. Il est des familles dans lesquelles ces rapports sont si prononcés, que les personnes les plus étrangères à la botanique peuvent les apprécier. Telles sont les ombellifères, les labiées, les crucifères, etc.

FASCICULÉE. Racine disposée en faisceau.

FIBREUSE. Racine composée d'un faisceau de fibres.

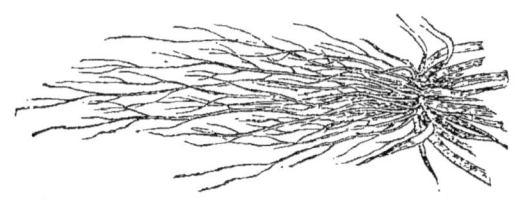

FILET. Support de l'anthère.

FLEUR EN TÊTE. Placée au sommet des rameaux.

FLEURON. Petite corolle régulière faisant partie d'une fleur composée.

FLOSCULEUSE. Fleur composée de fleurons.

FOLIOLES. Petites feuilles attachées le long d'un

pétiole commun et appartenant à une feuille composée.

Follicule ou Coque. Espèce de péricarpe allongé et membraneux, s'ouvrant longitudinalement d'un seul côté, et auquel les semences ne sont pas adhérentes.

Frutescent. Se dit d'une plante dont la tige persiste durant plusieurs années sans être réellement ligneuse.

Fusiforme (Racine), en forme de fuseau.

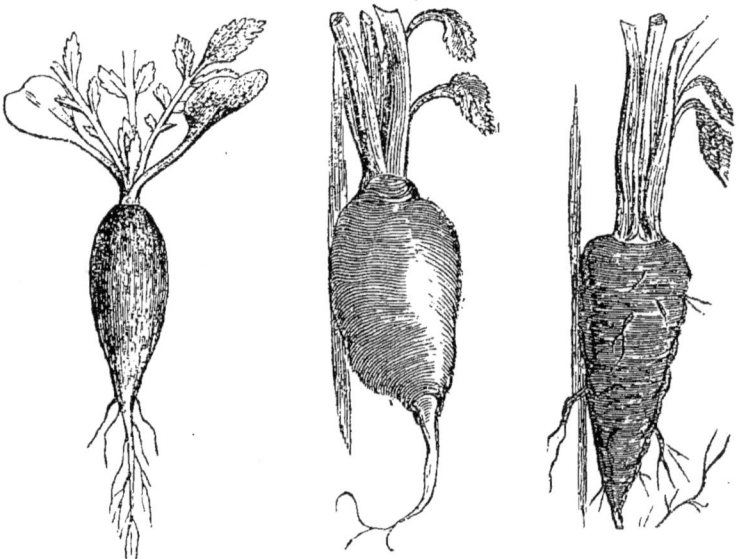

Genre. Réunion d'espèces ayant des rapports communs et qui portent le même nom, accompagné de la désignation de l'espèce. *Exemple* : la Sauge (nom du genre) ; Cardinale (désignation de l'espèce).

Glabre. Dépourvu de poils.

Glauque. D'un vert pâle et comme farineux.

Gousse ou Légume. Fruit formé de la réunion de deux panneaux nommés *cosses*, et dont les semences sont attachées seulement à l'une des sutures qui forme les lignes de jonction des panneaux.

GRAPPE. Fleurs attachées par des pédicelles à un pédoncule commun.

GRANULEUSE (Racine). Qui a des tubercules en chapelet (*apios tuberosa*).

HAMPE. Tige nue, ordinairement droite et ferme de quelques plantes. *Exemples* : la Tulipe, le Narcisse.

HASTÉE (Feuille). En forme de fer de hallebarde.

HERBACÉ. Opposé à ligneux; qui est en herbe.

HERMAPHRODITE. Se dit des fleurs où les deux sexes sont réunis.

HYBRIDE. On donne ce nom à des plantes provenues de la fécondation d'une plante, opérée par un individu de variété, d'espèce et même quelquefois de genre différents. Les graines de ces plantes hybrides sont rarement fertiles.

HYPOGYNE. Se dit des étamines et des pétioles, lorsqu'ils sont insérés sous l'ovaire. C'est le contraire d'*épigyne*.

INFUNDIBULIFORME. Fleur en entonnoir.

Imbriqué. Calice dont les divisions sont rangées comme les tuiles d'un toit.

Labiée. Une corolle est en masque ou labiée, lorsque son limbe forme deux lèvres, l'une inférieure et l'autre supérieure.

Lacinée (Feuille). Découpée en lanières.

Lancéolée (Feuille). En forme de fer de lance.

Légume. (*Voyez* Gousse).

Légumineuse. (*Voyez* Papilionacée).

Limbe. Bord intérieur des fleurs en cloche ou en entonnoir.

Lobe. Grande division dans une feuille ou dans une corolle.

Liliacée. Corolle semblable à celle du lis.

Linéaire (Feuille ou Pétale). D'une forme étroite et allongée.

Lyrée (Feuille). Celle dont les découpures, profondes, vont en diminuant du haut vers la base.

Monocotylédone. Plante dont la semence n'a qu'un seul cotylédon.

Monoïque. Plante qui porte des fleurs mâles et des fleurs femelles, réunies sur le même pied.

Monopétale. Se dit d'une fleur qui n'a qu'un seul pétale, ou plutôt dont la corolle est d'une seule pièce.

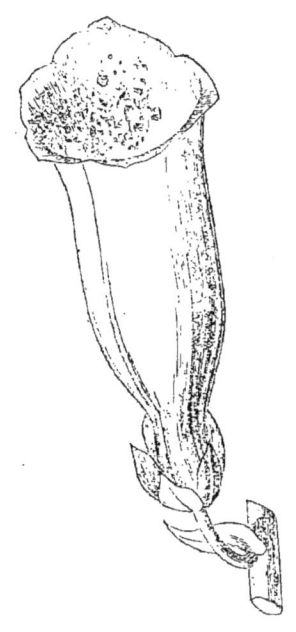 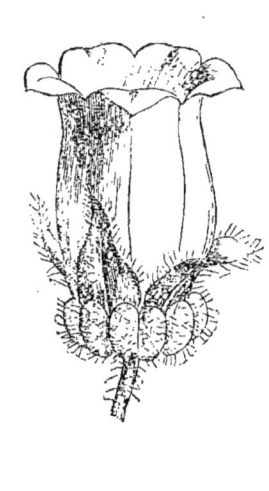

Monophylle (Calice). D'une seule pièce.

Mucronée (Feuille). Terminée par une pointe aiguë.

Multifide (Feuille). Celle dont les incisions sont très-profondes, sans aller jusqu'à la nervure du milieu.

Multiple. Fleur qui, sans être pleine, a la plus grande partie de ses étamines ou de ses pistils convertis en pétales. Une fleur multiple peut porter graine ; une fleur pleine n'en porte jamais.

Nectaire. Nom que l'on donne à une partie de la

corolle ou de la fleur qui contient le miel que les abeilles vont y chercher.

Œil. Petite pointe qui précède les boutons à bois ou à fruits sur les arbres.

Œilletons. Rejetons que poussent certaines racines, telles que l'artichaut.

Ombelle. On nomme fleurs en ombelles celles dont les pédoncules se réunissent tous en un point commun, d'où ils divergent comme les rayons d'un parasol.

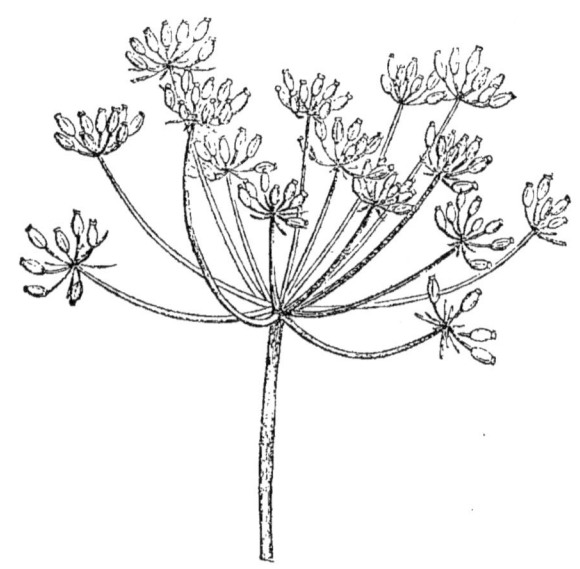

Ombilic. Vestiges du calice desséché sur un fruit qui a grossi. Les semences ont aussi un ombilic plus ou moins visible, par lequel elles tenaient au placenta.

Onglet. Partie inférieure du pétale, où est son point d'attache. Il est fort long dans l'œillet.

Opposées (Feuilles). Celles qui sont disposées par paires; les points d'insertion étant diamétralement opposés dans chaque couple.

Ovaire ou Germe. Partie inférieure et renflée du

pistil, qui est destinée à devenir péricarpe ou fruit.

Palmée (Feuille). Divisée en cinq lobes, et figurant comme une main ouverte. — (Racine).

Panicule. On appelle fleurs en panicules celles qui sont disposées sur des pédoncules dont les divisions sont nombreuses et très-diversifiées. C'est une sorte d'épi lâche et flexible.

Paniculées. Fleurs disposées en panicules.

Papilionacée. La fleur papilionacée est composée de quatre ou cinq pétales dont la forme et la disposition la rendent à peu près semblable à celle du pois. Le pétale supérieur s'appelle *étendard* ; le pétale inférieur la *carène*, et les pétales latéraux se nomment *ailes*.

Pavillon. (*Voyez* Étendard).

Pédicule. Filet qui joint l'aigrette à la graine.

Pédicelle. Queue de la fleur réunie en grappes, ombelles, épis, etc., et par où elle tient à un pédoncule commun.

Pédoncule. Prolongement de la tige ou des rameaux, qui supporte les fleurs.

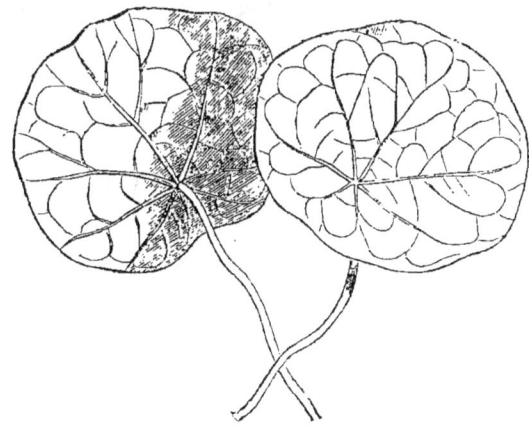

Peltée. Feuille plate comme un bouclier.

PENNÉES, PINNÉES, AILÉES OU COMPOSÉES (Feuilles). Lorsque plusieurs folioles sont rangées en manière d'ailes ou de barbe de plume (*penna*), le long d'un pétiole commun ; on dit que les feuilles sont *bipennées*, quand le pétiole commun, au lieu de porter des fo-

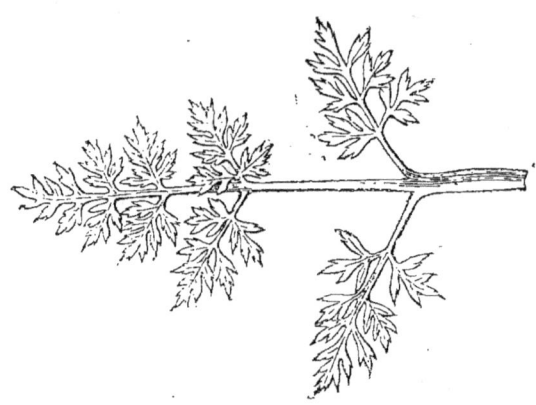

lioles de chaque côté, porte d'autres petits pétioles d'où sortent à droite et à gauche des folioles particulières. Enfin elles sont *tripennées*, lorsqu'elles sont plus de deux fois composées.

PERFOLIÉE. Feuille traversée par la tige.

PÉRICARPE. Enveloppe des semences. La pomme, la tête de pavot, la gousse, etc., sont des péricarpes.

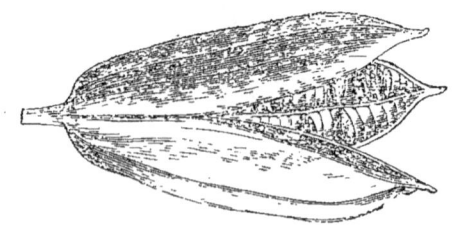

PÉRIGYNE. Se dit de la corolle ou des étamines, lorsqu'elles sont insérées sur le calice, autour du pistil.

PERSISTANTES (Feuilles). Qui ne tombent pas durant

l'hiver, et qui conservent leur couleur, telle que la feuille de houx; c'est le contraire de caduc.

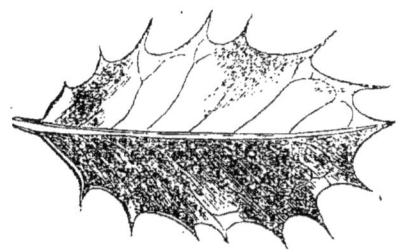

Personnée. (*Voyez* Labiée).

Pétales. Pièces dont se compose la corolle d'un grand nombre de fleurs.

Pétiole. Support ou queue de la feuille.

Pétiolée. Feuille à pétiole.

Pinnatifide (Feuille). A découpures profondes.

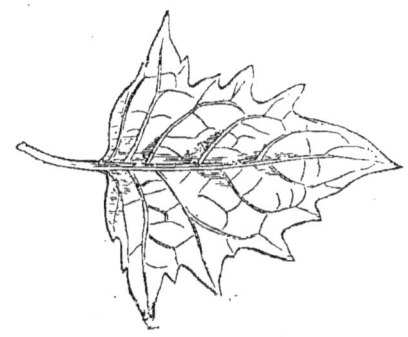

Pistil. Organe femelle de la fleur.

Pleine (Fleur). Celle dont toutes les étamines tous les pistils sont convertis en pétales.

Plumule. Rudiment de la tige; elle forme, en se dégageant des cotylédons, un petit rameau semblable à une plume.

Pollen. Poussière fécondante contenue dans l'anthère de l'étamine.

Polypétale (Fleur). Qui a plusieurs pétales.

Polyphylle (Calice). Qui a plusieurs pièces.

Prolifère. Se dit d'une fleur lorsque, de son milieu, sort une autre fleur.

Pubescent. Garni d'un léger duvet.

Radicale. Qui part de la racine (Feuille).—(Fleur.) Tels que le lys, le glaïeul.

Radicule. Rudiment de la racine, tenant à la plumule.

Radiée. Fleur à rayons comme le soleil.

Rameuse (Racine). Qui a des ramifications.

Réceptacle. C'est l'espèce de base sur laquelle reposent immédiatement la fleur et le fruit. C'est en général l'extrémité du pédoncule et ordinairement le centre de la cavité du calice.

Remontant, Remontante. Se dit des rosiers, des œillets et des roses qui fleurissent une seconde fois.

Réniforme (Feuille, Semence). En forme de rein.

Roncinée. Feuille pinnatifide dont les segments se dirigent de haut en bas.

Rosacée. Fleur ou corolle disposée en rose simple.

Roue (Corolle en). Lorsque, étant aplatie sans tube, très-sensible, elle ressemble à une roue ou à une molette d'éperon.

Sagittée (Feuille). Qui imite le fer d'une flèche.

Semence ailée. Composée de deux folioles séparées par une cloison.

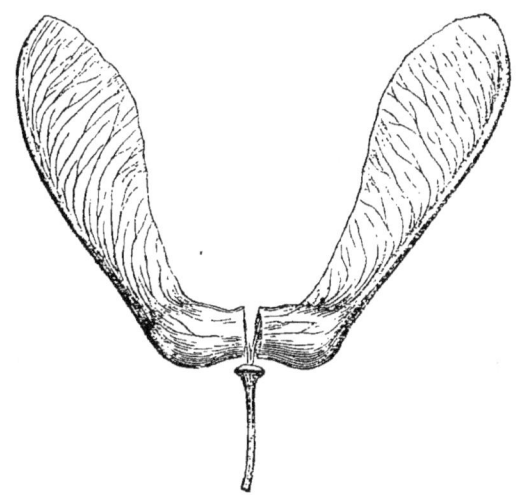

Semi-flosculeuse. Fleur composée seulement de demi-fleurons. (La *laitue*.)

Sépales. Divisions du calice.

Sessile (Feuille, Fleur). Qui manque de support ou de queue; qui est attachée immédiatement sur la tige ou les rameaux.

Silicule. Fruit sec, arrondi, plus large que long, s'ouvrant en deux valves et à graines séparées par une cloison.

Silique. Elle diffère de la gousse, en ce que les semences sont attachées à l'une et à l'autre des sutures longitudinales des deux valves.

Sinuée (Feuille). Qui a des échancrures profondes et arrondies.

Spathe. Espèce de coiffe ou de gaîne dont l'office est de renfermer une ou plusieurs fleurs avec leurs enveloppes et leurs pédoncules. (*Ail, Narcisse,* etc.)

Stigmate. Partie du pistil, ordinairement portée sur le style, mais qui est *sessile*, lorsque ce support lui manque.

Stipules. Petites productions ou espèces d'écailles qui naissent de chaque côté à la base des pétioles et des pédoncules.

Stolonifère. Racine qui développe des stolons.

Style. Support du stigmate.

Subulée. En forme d'alène.

Supère. Se dit de l'ovaire, lorsqu'il est placé dans l'intérieur du calice.

Ternée (Feuille). Lorsque son pétiole porte trois folioles.

Thyrse (Fleurs en). En grappe redressée.

Traçante. Racine qui végète entre deux terres.

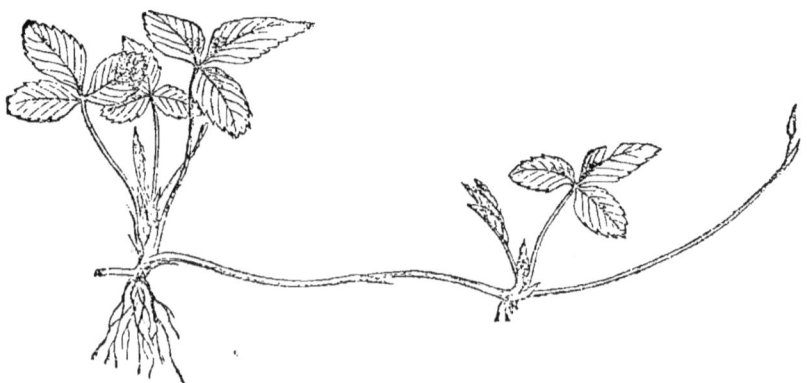

Tomenteux. Se dit des tiges et des feuilles chargées de poils mous et serrés.

TRIPENNÉE (*Voyez* PENNÉE.)

TUBÉREUSE. Racines à tubercules, comme la pomme de terre.

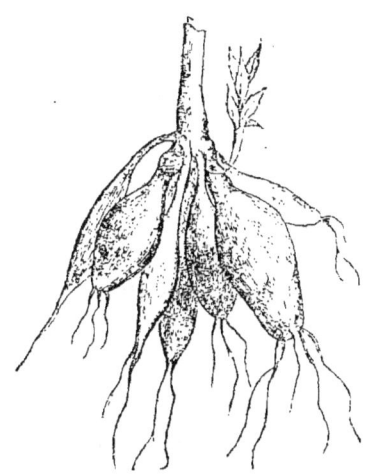

TUBULÉE. Corolle qui a un tube.

TURION. OEil ou bouton naissant immédiatement sur les racines. (Asperge.)

UNILATÉRAL (Épi). Dont les fleurs sont tournées d'un seul côté.

UNILOCULAIRE (Fruit). Qui n'a qu'une seule loge.

VALVES. Partie des anthères ou des semences s'ouvrant pour laisser échapper le pollen ou les graines.

VARIÉTÉ. (*Voyez* GENRE, ESPÈCE.)

VERTICILLE. Se dit des feuilles et des fleurs lorsqu'elles sont disposées par étage en forme d'anneaux autour de la tige.

VOLUBILE (Tige). Celle qui s'entortille soit à droite, soit à gauche, autour des autres corps.

NOURRITURE

DES PLANTES D'APPARTEMENT.

Nous terminerons cet ouvrage par une recette de la plus grande utilité concernant la Culture des Plantes d'appartement.

On s'est borné jusqu'ici à arroser les fleurs, lorsqu'on le croyait utile, et cela sans se rendre compte que l'eau versée avec excès lavait la terre et lui enlevait les parties solubles de l'engrais qu'elle contenait, ce qui, au lieu de conserver la plante en bon état de santé, la faisait languir, s'étioler et périr.

Grâce aux travaux du docteur Jeanel, un immense perfectionnement vient d'être réalisé en appliquant à la culture des Fleurs d'appartement les expériences de M. Ville sur les engrais chimiques.

Les végétaux se nourrissent principalement de substances minérales qu'il serait trop long de détailler ici, mais dont voici les principales, ainsi que les proportions dans lesquelles elles doivent être employées :

Azote d'ammoniaque.	400 grammes.
Biphosphate d'ammoniaque.	200
Azotate de potasse.	250
Chlorhydrate d'ammoniaque.	50
Sulfate de chaux.	60
Sulfate de fer.	40
	1,000 grammes.

Ces différents sels se trouvent chez tous les pharmaciens et les marchands de produits chimiques; les 1,000 grammes coûtent environ 3 francs.

Voici maintenant comment on doit les employer : il faut d'abord les pulvériser et les mélanger avec grand soin, car ces divers sels doivent réagir les uns sur les autres.

On met quatre grammes de ce mélange par litre d'eau ordinaire, et ce litre d'eau suffit pour arroser vingt pots de fleurs; il faut même avant d'arriver à cette ration normale, commencer par des quantités moindres, sans cela il y aurait danger de brûler la plante.

Avec cet arrosage qui est alors une véritable nourriture pour les plantes, le choix de la terre est tout à fait indifférent, on peut même la remplacer par du sable.

A peu près toutes les espèces de plantes se prêtent à ce traitement, il faut cependant en excepter les *Saxifrages* et les *Bambous*; les graines ne viennent généralement pas à maturité; mais c'est de peu d'importance pour ce genre de culture.

TABLE DES MATIÈRES

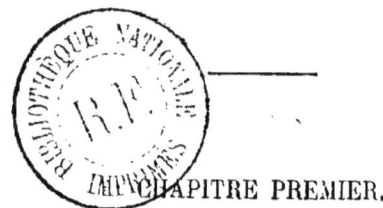

CHAPITRE PREMIER.

Instructions préliminaires.

	Pages.
§ 1. — Terres. — Engrais. — Terreau.	1
§ 2. — Ustensiles.	3
§ 3. — Chaleur. — Lumière. — Aération.	4
§ 4. — Arrosage et nettoyage des plantes.	7

CHAPITRE II.

Des petites opérations de jardinage.

§ 1. — Empotage et rempotage.	10
§ 2. — Sarclage. — Ratissage. — Labour. — Ensemencement.	12
§ 3. — Bouturage. — Marcottage. — Greffe.	14
§ 4. — Repiquage.	17
§ 5. — Taille des arbustes.	18

CHAPITRE III.

Des Serres d'appartement.

§ 1. — Des serres froides et des serres chaudes d'appartement.	19
§ 2. — Semis et repiquage dans les serres d'appartement.	21
§ 3. — Bouturage et marcottage en serre chaude.	21
§ 4. — Soins à donner aux jeunes plants.	22
§ 5. — Bouturage en serre froide d'appartement.	25
§ 6. — Greffes du Camélia, du Rosier et de l'Oranger.	27

CHAPITRE IV.

Jardins sur les fenêtres et les balcons.

	Pages.
§ 1. — Le jardin sur la fenêtre.	31
§ 2. — Du parti que l'on peut tirer de la position des fenêtres; la fenêtre au nord.	32
§ 3. — La fenêtre au midi.	33
§ 4. — La fenêtre à l'ouest.	36
§ 5. — La fenêtre à l'est.	39
§ 6. — Les jardins suspendus. — Les vases aériens. — Le jardin dans la carafe.	40
§ 7. — La terrasse; sa disposition, plante que l'on peut cultiver. — La fenêtre double.	46

CHAPITRE V.

Les fleurs et les plantes d'appartement.

§ 1. — De la culture des fleurs et des plantes à feuillage dans les appartements.	51
§ 2. — Les corbeilles et les jardinières.	75
§ 3. — Culture des plantes grasses, des fougères et des orchidées.	84
§ 4. — L'étagère, la cheminée et les graminées.	96

CHAPITRE VI.

Les arbres fruitiers d'appartement.

§ 1. — Culture des arbres fruitiers dans les pots.	108
§ 2. — Fruits forcés chez soi. — Cerisiers nains. — Pruniers nains. — Fraisiers; la Fraise des bois; la Fraise de Virginie; la Fraise du Chili; le buisson de Gaillon. — les Framboisiers. —Les Groseilliers. — La Vigne. — L'Ananas.	111
§ 3. — Le jardin de la cuisinière. — La persillère hollandaise, la persillère de Paris. — Le cresson alénois. — Le gazon de toute forme.	122

CHAPITRE VII.

Les petits jardins dans les grandes villes.

§ 1. — Disposition des petits jardins; dessin. — Bordure; plantes qui conviennent le mieux.	127

TABLE DES MATIÈRES.

Pages.

§ 2. — Massifs et gazons. 131
§ 3. — Parterres; fleurs qui conviennent suivant le terrain. — Le rocher artificiel. — Le bassin et les plantes aquatiques. 138
§ 4. — Les arbres fruitiers dans le petit jardin. 153

CHAPITRE VIII.

Aquariums.

§ 1. — Plantes aquatiques et poissons d'appartement. — Aquariums. 157
§ 2. — Aquarium d'eau douce; plantes qu'on y peut cultiver. 158
§ 3. — Aquariums d'eau salée. — Plantes marines. — Animaux marins. 166

CHAPITRE IX.

Conservation des végétaux.

§ 1. — Conservation des fleurs avec leur formes, leur couleur. — Procédé employé autrefois pour la conservation des fleurs. — Procédé ancien modifié. 171
§ 2. — Transport des plantes à de grandes distances et leur conservation sans arrosages. — Les caisses Ward. . . . 173
§ 3. — Conservation des fruits. 175
§ 4. — Le calendrier de Flore. — Précautions, soins et conseils pour la culture des fleurs suivant les mois de l'année. . 177

CHAPITRE X.

Vocabulaire des termes de botanique. 183

Nourriture des plantes d'appartement. 208

FIN DE LA TABLE.

SAINT-DENIS. — IMPRIMERIE J. BROCHIN.

www.ingramcontent.com/pod-product-compliance
Lightning Source LLC
Chambersburg PA
CBHW071531220526
45469CB00003B/732